职业教育电力技术类专业教学用书

U0642987

电工工艺实习

周卫星　米彩霞　樊新军　合编
张　颖　李永森　主审

中国电力出版社
CHINA ELECTRIC POWER PRESS

内 容 提 要

本书分为五部分，主要内容有：电工基本知识、电工基本技能训练、低压配线及室内照明电路安装操作实训、低压控制电路安装操作实训、配电线路安装操作实训。

本书可以作为电力职业技术学院、专科学校和成人学校电力技术类各专业的实习教材，也可作为电力技术类工人岗位培训、农村劳动力转移培训和农村实用技术培训的教材以及相关工程技术人员的参考用书。

图书在版编目（CIP）数据

电工工艺实习/周卫星，米彩霞，樊新军编. —北京：中国电力出版社，2009.1（2022.11 重印）
教育部职业教育与成人教育司推荐教材
ISBN 978 - 7 - 5083 - 3657 - 2

Ⅰ. 电…　　Ⅱ.①周…　②米…　③樊…　　Ⅲ. 电工技术—实习—学校：技术学校—教材　　Ⅳ.TM - 45

中国版本图书馆 CIP 数据核字（2005）第 118935 号

中国电力出版社出版、发行
（北京市东城区北京站西街 19 号　　100005　http://www.cepp.sgcc.com.cn）
北京雁林吉兆印刷有限公司印刷
各地新华书店经售

*

2009 年 1 月第一版　2022 年 11 月北京第十七次印刷
787 毫米×1092 毫米　16 开本　9.25 印张　217 千字
定价 **28.00** 元

前　言

　　本书是根据教育部审定的电力技术类专业主干课程的教学大纲编写而成的，并列入教育部《2004～2007 年职业教育教材开发编写计划》。本书经中国电力教育协会和中国电力出版社组织专家评审，又列为全国电力职业教育规划教材，作为职业教育电力技术类专业教学用书。

　　本书体现了职业教育的性质、任务和培养目标；符合职业教育的课程教学基本要求和有关岗位资格和技术等级要求；具有思想性、科学性、适合国情的先进性和教学适应性；符合职业教育的特点和规律，具有明显的职业教育特色；符合国家有关部门颁发的技术质量标准。本书既可以作为学历教育教学用书，也可作为职业资格和岗位技能培训教材。

　　本书贯彻了以全面素质教育为基础和以能力为本位的教学指导思想，体现"宽、浅、用、新、能、活"的六字原则，力求对学生进行规范化的电工基本工艺技能训练，使其具备新的行业规范所要求的电工工艺知识和操作技能以及中高级专业人才所必需的基本技能。本书在内容上注重结合电力行业相关工种规程，突出技能训练，并详细列出各项技能的操作步骤、相关知识、应具有的正确态度、必需的资源（工器具、设备、材料）以及评价标准。本书语言通俗易懂，可操作性和实用性强。

　　本书由三峡大学职业技术学院樊新军编写第一、二章，湖南华银电力股份有限公司安全生产部米彩霞编写第三章，长沙电力职业技术学院周卫星编写第四、五章。全书由长沙电力职业技术学院周卫星统稿。

　　本书由长沙理工大学张颖、湖南省株洲电业局李永森主审，在此予以感谢。

　　由于编者水平有限，书中错误和不妥之处，敬请读者批评指正。

编　者

2005 年 7 月

目 录

第 一 章

电 工 基 本 知 识

第一节 常 用 电 工 工 具

常用电工工具及其使用方法如下。

1. 常用电工工具

常用电工工具及其使用说明，如表 1-1 所示。

表 1-1　　　　　　　　常 用 电 工 工 具

名　称	图　示	使 用 说 明
低压验电笔（又称验电器、电笔）	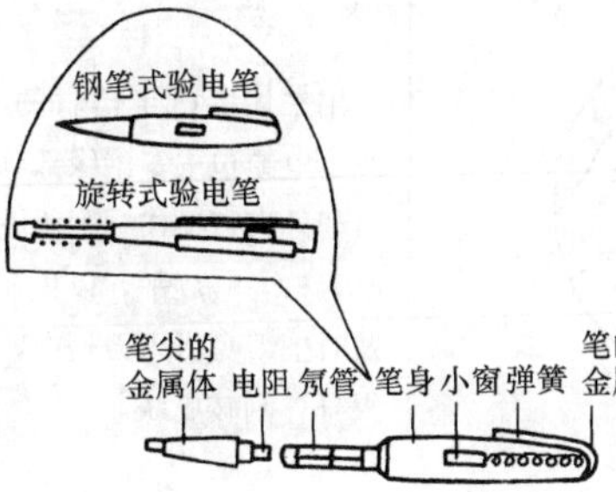 钢笔式验电笔　旋转式验电笔　笔尖的金属体　电阻　氖管　笔身　小窗　弹簧　笔的金属体	用来测试导体、导线、开关、插座等低压电器以及低压电气设备是否带电的工具。使用时注意：用手指握住验电笔身，让笔尖的金属体接触带电部位，食指触及笔身金属体（尾部），验电笔的小窗口朝向自己眼睛
钢丝钳（又称钳子）	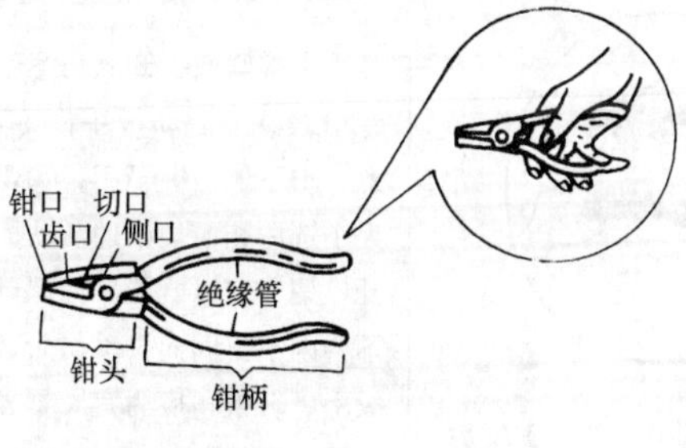 钳口　切口　齿口　侧口　绝缘管　钳头　钳柄	用来钳夹、剪切电工器材（如金属线、导线）的常用工具。使用时注意：①钢丝钳（钳子）不能当做敲打、锤击的工具；②要注意保护好钳柄绝缘部分，以免损坏绝缘而造成触电事故
尖嘴钳	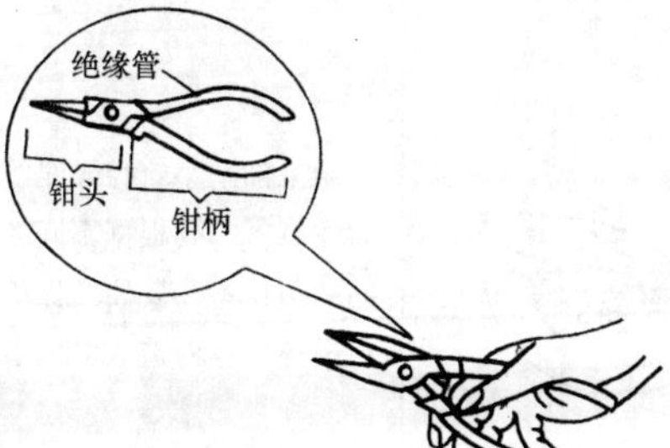 绝缘管　钳头　钳柄	它的用途与钢丝钳（钳子）相仿，由于尖嘴钳的钳头部分较细长，因而能在较狭小的地方工作，如端子盒、灯座、开关内的线头固定或开启等。使用时注意：与钢丝钳（钳子）使用时的注意事项相同

续表

名　　称	图　　示	使 用 说 明
螺丝刀（又称启子）	一字口　绝缘层　一字槽型 十字口　绝缘层　十字槽型 掌心　电工禁用	用来旋紧或起松螺钉的工具。使用时注意：①根据螺钉大小、规格选用相应尺寸的螺丝刀（启子），否则容易损坏螺钉与螺丝刀（启子）；②不能使用穿心螺丝刀；③螺丝刀不能当凿子用；④螺丝刀（启子）除前部平口外，宜采用绝缘套管套住其他金属杆部分（预防相间短路，造成意外事故）
电工刀	线头的剖削 刀身　　　　刀柄	用来切削电工器材的工具，常用来削割电线、电缆包皮等绝缘部分。使用时注意：①刀口朝外进行操作。削割电线绝缘部分；②使用时刀口要略放平，以免损伤线芯；③使用后要及时把刀身折入刀柄内，以免刀刃受损或危及人身、割破皮肤
活动扳手（又称扳手、扳子）	呆扳唇　蜗轮　手柄 扳口　轴销 活络扳唇	用来拧紧或拆卸六角螺丝（螺母、螺栓）的专用工具。活动扳手简称活扳手。使用时注意：①不能当锤子用；②要根据螺母、螺栓的大小选用相应规格的活动扳手；③活动扳手的开口调节应以既能夹住螺母不致损伤棱角，又不会因不牢固而失手伤人，而且能方便地提取扳手、转换角度为宜
剥线钳	钳头 钳柄	用来剖削小直径导线线头的绝缘外层。使用时注意：①要根据不同的线径来选择剥线钳不同的刃口；②要注意保护好钳柄绝缘部分，以免损坏绝缘而造成触电事故

2. 电工辅助工具

电工辅助工具及其使用说明，见表1-2。

表1-2　　　　　　　　　　　　　　电　工　辅　助　工　具

名　称	图　示	使　用　说　明
铁锤（又称榔头、手锤）	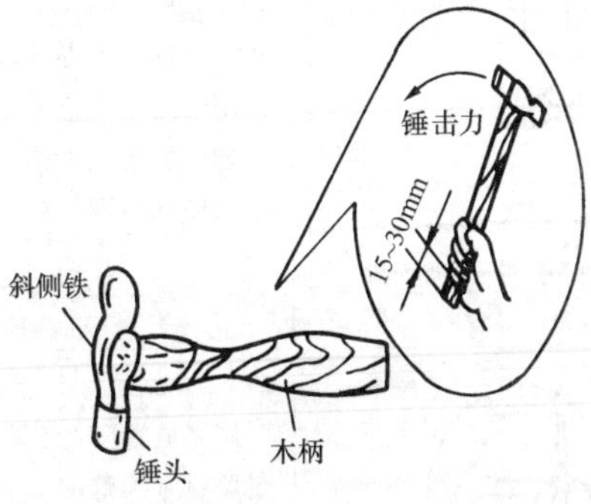 锤击力 15~30mm 斜侧铁 锤头 木柄	用来锤击物体的工具。如拆装电动机轴承时锤击等。使用时注意：①右（左）手应握在木柄的尾部，才能使出较大的力量。在锤击时，用力要均匀、落锤点要准确；②要注意木柄与铁件连接要牢固，防止铁件飞脱出伤人
电烙铁	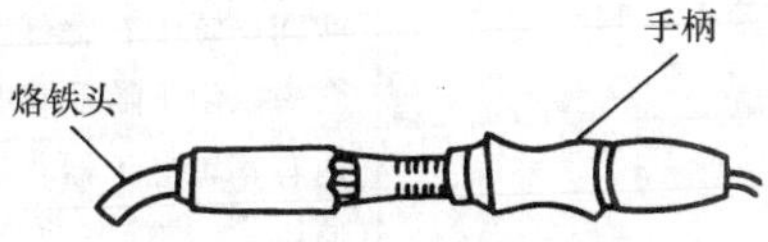 手柄 烙铁头 (a) 大功率电烙铁 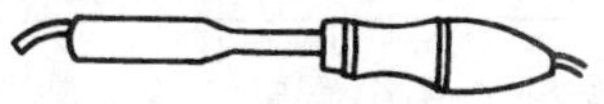 (b) 小功率电烙铁	用来焊接铜导线、导线、铜接头或导体连接件的镀锡等。使用时注意：①根据焊接物体的大小来选择电烙铁功率；②焊接不同导线或元件时，应掌握好不同的焊接时温（温度）；③注意及时清除电烙铁头上的氧化物；④不使用时要注意随时脱离电源
锉刀（又称锉子）	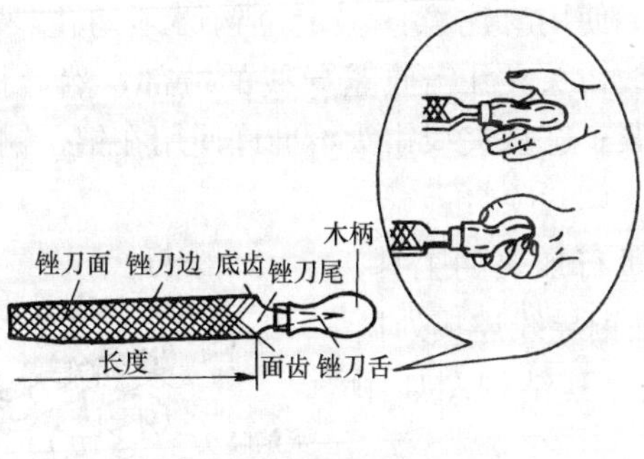 木柄 锉刀面 锉刀边 底齿 锉刀尾 长度 面齿 锉刀舌	用来加工锉削各类金属部件或小配件等。使用时注意：①锉削不同加工件应使用不同的锉刀（如：锉刀有板锉、圆锉和什锦锉等）；②要注意木柄与铁构件连接要牢固，防止使用时木柄与铁构件分离而伤人
钢凿	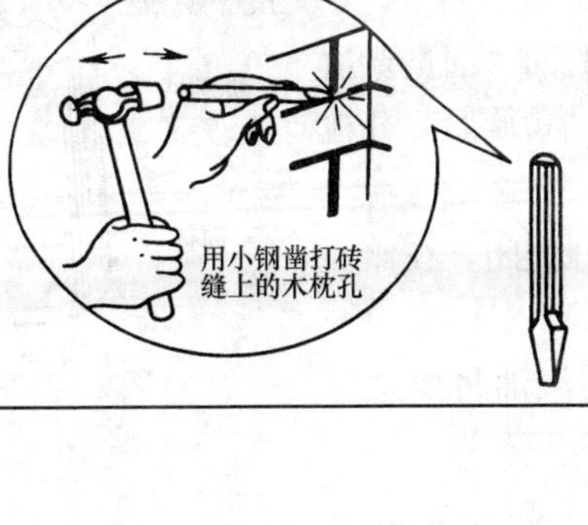 用小钢凿打砖缝上的木枕孔	用来打墙孔的工具。使用时注意：①在凿削过程中，应准确保持钢凿的位置，挥动铁锤力的方向与钢凿中心线一致；②使用钢凿时，工作人员要戴护目镜

名　称	图　示	使 用 说 明
冲击电钻（又称冲击钻、电锤）	把柄　电源开关 电源引线 (a)冲击钻 (b)冲击钻头	冲击电钻，它既可当普通电钻用麻花钻头在金属材料上钻孔，又可用冲击钻头在砖墙、混凝土等处钻孔，供膨胀螺栓使用。使用时注意：①右手应握紧手柄，用力要均匀；②使用冲击电钻时，工作人员要戴护目镜和口罩
电工包（又称工具袋）和电工工具套	电工工具包 电工工具套	用来放置随身携带的常用工具或零星电工器材（如灯头、开关、螺丝、熔丝和胶布等）及辅助工具（如铁锤、钢锯）等。使用时注意：电工工具套可用皮带系结在腰间，置于右臀部，将常用工具插入工具套中，便于随手取用。电工包横跨在左侧，内有零星电工器材和辅助工具，以备外出使用

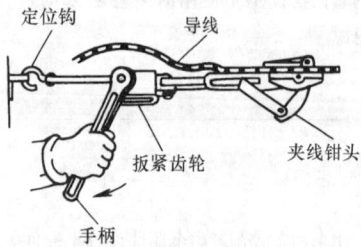

图 1-1　紧线钳

3. 专用工具及使用方法

（1）紧线钳。

紧线器又称收线钳，用来收紧户内外绝缘子和户外架空线路的导线、架空线，如图 1-1 所示。

使用时注意：①定位钩必须勾住架线支架或横担，夹线钳头夹住需收紧导线的端部，然后扳动手柄，逐步收紧；②铁夹线钳头不准许使用在铝、铜导线上。

（2）喷灯。

喷灯又叫喷火灯，是用来对工件进行加热的工具，常用来焊接铅包电缆的铅包层、大截面铜导线连接处搪锡以及化锡等，其燃料为煤油或汽油，其结构图如图 1-2 所示。

喷灯使用方法：

1）加油。将加油盖旋开，灌入清洁的油。油量要适当，一般不超过储油筒的 3/4。然后把加油盖旋紧，并检查喷灯各处是否有渗漏现象。

2）点燃。先将手轮向右旋紧，使阀杆关闭，在储油杯内加入汽油，用火柴点燃，开始预热。

3）发火。待喷嘴烧热后，储油杯内汽油将要烧尽

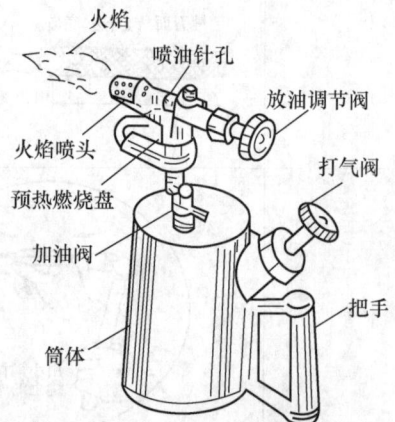

火焰
喷油针孔
放油调节阀
火焰喷头
预热燃烧盘
打气阀
加油阀
筒体
把手

图 1-2　喷灯结构图

之前，可打气 3～5 次，将手轮向左缓缓旋松，使阀杆开启，灯即点燃，但仍需继续打气，至火力正常为止。

在发火时如喷嘴有堵塞现象而使火焰不正常时，可用通针通几次。如无效，则将手轮关紧，等火熄灭后拆下喷嘴清洗，再重新喷上点燃。

喷灯使用时注意事项：

1）对于煤油喷灯不许在容器内加入汽油。

2）汽油喷灯在加入汽油时，应先熄火，再把加油盖缓缓的旋开。听见放气声后不可再旋出，等气放尽后，才可旋开加油盖，加好汽油再将加油盖旋紧。

3）在加汽油时，周围应没有火种。

4）打气的压力要适当，不可过高。打完气后应将打气柄卡牢在泵盖上。

5）喷灯在使用过程中，要经常检查油筒内的油量是否充分，一般储油量不得少于油筒容积的 1/4，否则会使灯体过热发生危险。

6）随时注意油路密封圈零件配合处是否有渗漏跑气现象，并经常注意维修。使用完毕，应将剩气放掉。

（3）射钉紧固器。

射钉紧固器俗称射钉枪。利用它击发射钉弹，使弹内火药燃烧释放出能量，从而将射钉穿透要固定的工件（如铁板、木板、塑料板等），也可直接钉到墙（或别的结构）上。其结构如图 1-3 所示。

射钉的品种很多，常见的如图 1-4 所示。

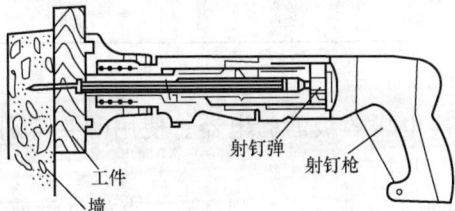

图 1-3 射钉枪结构图   图 1-4 射钉   图 1-5 射钉弹

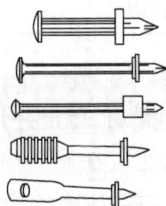

射钉弹（图 1-5）是射钉紧固的能源。当它被射钉枪的击针撞击底火后，引燃发射药，产生强大的推动力将射弹推向目标。

射钉紧固器的操作方法：

1）操作射钉紧固器前一定要戴好防护眼镜和安全帽。

2）射钉紧固器操作方法（图 1-6）：将射钉器垂直压在工作面上，直至压缩钉管到位，解除保险，击发。

图 1-6 射钉紧固器操作方法

射钉紧固器操作时的注意事项：

1）使用前应阅读使用说明书，熟记使用、拆卸、装配方法。不允许未成年人和未经培训过的人员使用射钉紧固器。

2）装好射钉弹后，严禁用手直接推压钉管，不要把装好射钉弹的射钉器对准他人。在射击过程中，如遇到射钉弹不发火，应静10s以上，才能移动射钉器。

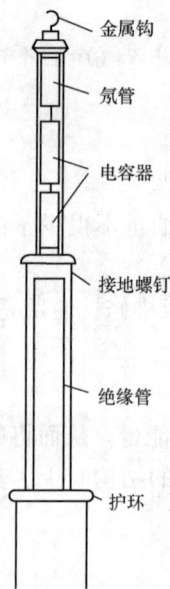

图 1-7 验电器

3）在射钉器使用结束或维修、保养前均应先取出射钉弹，对软质（如木质）被固件进行射击，选择射钉弹力要适当。威力过大，很有可能损坏射钉器。长时间使用后，应及时更换易损坏件。

4）射击完后及时擦拭和清洗射钉枪，拆卸前应先了解射钉器的原理、性能、结构、拆卸和装备方法，应遵守说明书上规定的各项事项。

（4）高压验电器。

高压验电器是用以检查高压电器设备有无电压的一种工具。其结构如图1-7所示。

高压验电器的最小尺寸如表1-3所示。

表 1-3　　　　　　　　　高压验电器的最小尺寸表

电气设备的额定电压（kV）	电容式验电器的最小尺寸（mm）		
	绝缘部分长度	握柄长度	全长（不包括金属钩）
10 及以下	320	110	680
35 及以下	510	120	1060

高压验电器操作注意事项：

1）使用高压验电器应戴绝缘手套，并用相应电压等级的验电器。使用时要特别注意手握部位不能超过护环。使用前应在确有电源处测试。

2）在证明验电器确实良好后，应将验电器的金属逐渐靠近被测高压，直至氖管窗发光。只有氖管不亮时，才可与被测物体直接接触。

3）室外使用高压验电器，必须在气候条件良好的条件下进行。在雨、雾、雪及湿度较大的情况下，不宜使用，以免发生危险。

4）高压验电器使用完毕，应擦拭表面汗渍、积层，悬挂在室内干净通风处，也可放置在专用的箱柜中。下次验电使用前，再用干净的白布擦拭干净。

（5）弯管器和切管器。

弯管器和切管器是钢管配线中常用的工具。弯管器的种类有手弯管器、液压弯管器和电动弯管器。

手弯管器体积小、轻便，适于工地现场使用。它是靠人力弯曲管子，只适用于弯直径50mm以下的管子。为使管子不被弯扁，在弯曲时弯管器需逐点移动，使管子弯成所需的弯曲半径。液压弯管器所弯曲的电线管，直径能到100mm以上，最适用于弯曲半径相同的成批弯管。对较粗的管子弯曲时，可采用电动弯管机或灌砂火弯法。

（6）电动型材切割机。

在制作或维修线路的铁塔、横担和配电箱、配电屏时，常常需要用到电动型材切割机。其切割之快，用力之省，是钢锯望尘莫及的。切割机结构如图1-8所示。

电动型材切割机在操作之前，应将周围环境清理干净。操作地点不得有易燃易爆物品，以防发生火灾。要仔细检查电气系统是否正常、可靠，确保电动机接地螺钉接地良好。

切割前必须检查各紧固件是否连接牢固，尤其是砂轮切割片是否夹紧、有无裂纹，有裂纹的应当及时更换。

操作前先接通一下电源，观察砂轮切割片的旋转方向。如果不对，任意倒换两根电源线即可。

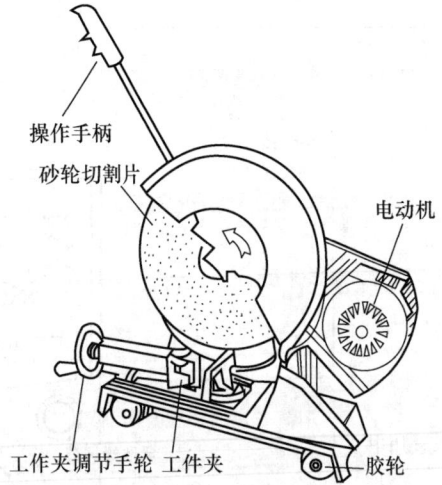

图1-8　切割机结构

第二节　常用电工仪表

电工常用的仪表有万用表、兆欧表、钳形电流表、电流表和电压表等。

一、万用表

万用表是测量电压、电流和电阻等参数的常用仪表，其外形及使用说明如表1-4所示。

表1-4　　　　　　　　　万用表的使用

项　目	图　示	使 用 说 明
使用前		①万用表应水平放置；②测电阻时，如万用表指针不在"零"位，可以调整调零器，使指针指在"零"；③仪表不使用时，要存放在干燥处；④在运输途中要求专人保管防激烈震动而损坏仪表；⑤对仪表要按规定进行校核

项 目	图 示	使 用 说 明
使用中（一）	 （a）用万用表测量直流电压	①红表笔要插入正极（＋）插口，黑表笔插入负极（－）插口；②根据被测电压、电流的大小，把转换开关转至电压、电流挡的适当量程位置。要注意交流电压与直流电压的区别；③测量电压时，要将万用表并联在被测量电路的两端，见图（a）；④测量电流时，要将万用表串联在被测量电路中，见图（b）
使用中（一）	 （b）用万用表测量直流电流	①红表笔要插入正极（＋）插口，黑表笔插入负极（－）插口；②根据被测电压、电流的大小，把转换开关转至电压、电流挡的适当量程位置。要注意交流电压与直流电压的区别；③测量电压时，要将万用表并联在被测量电路的两端，见图（a）；④测量电流时，要将万用表串联在被测量电路中，见图（b）

续表

项 目	图 示	使 用 说 明
使用中 (二)	 (a) 指针应该指向零刻度 (b) (c)	①根据被测电阻的大小把选择开关拨到欧姆挡的适当挡位上(如 R×1，×10，×100，×1kΩ)。选择的原则：要使指针尽可能做到在刻度线的2/3处，因为这时的误差最小，见图(a)；②将红、黑表笔短接，如万用表针不能满偏(表针不能偏转到零欧姆位置)，可进行"欧姆调零"，见图(b)；③将被测电阻同其他元器件或电源脱离，单手持表棒并跨接在电阻两端，见图(c)；④读数时，应先根据表针所在位置确定最小刻度值，再乘以倍率，即为电阻的实际阻值。例如，指针指示的数值是40Ω，若选择的量程为 R×10，则测得的电阻值为400Ω
使用后	 电池 万用表 万用表	①将选择开关拨到 OFF 或最高电压挡，防止下次开始测量时不慎烧坏万用表；②长期搁置不用时，应将万用表中的电池取出；③平时万用表要保持干燥、清洁，严禁振动和机械冲击

二、绝缘电阻表（兆欧表）

绝缘电阻表是测量电气设备绝缘电阻的仪表，其外形及使用方法分别如图1-9和表1-5。

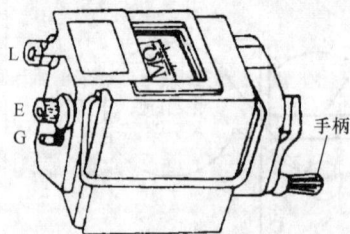

图1-9　绝缘电阻表（外形图）

表1-5　　　　　　　　　　　　　　绝缘电阻表的使用方法

步　骤		图　示	说　明
使用前	放置要求		①应放置在平稳的地方，以免摇动手柄时，因表身抖动和倾斜产生测量误差；②仪表不使用时，要存放在干燥处；③在运输途中要求专人保管防激烈振动而损坏仪表；④对仪表要按规定进行校核
	开路试验		先将绝缘电阻表的两接线端断开。再摇动手柄，正常时，绝缘电阻表指针应在"∞"
	短路试验		先将绝缘电阻表的两接线端接触，再摇动手柄，正常时绝缘电阻表指针应在"0"

步　骤	图　示	说　明
使用中 — 设备对地绝缘性能	 120r/min　L　E	用单股导线将"L"和设备的待测部位连接"E"端接设备外壳
设备绕组间的绝缘性能	 120r/min　L　E	用单股导线将"L"和"E"端接在电动机两绕组的接线端
使用后	 L　E	使用后，将"L"和"E"两导线短接，对绝缘电阻表放电，以免发生触电事故

三、钳形电流表

钳形电流表又称钳形表，在不断开电路而需要测量电流时，可使用钳形表。钳形表是根据电流互感器的原理制成的，钳形表有指针式和数字式两种，其外形如图 1-10 所示。DT266 钳形表是数字钳形表中的一种。它由标准 9V 电池驱动，LCD 显示的 3½ 位数字万用表；它具有全功能过载保护电路，可测量直流电压、交流电压、交流电流、电阻及通断测试；还可配 500V 绝缘测试附件（DT261），具有绝缘测试功能；仪表结构设计合理，采用旋转式开关，集功能选择、量程选择、电源开关于一体，携带方便，是电气测量的理想工具。

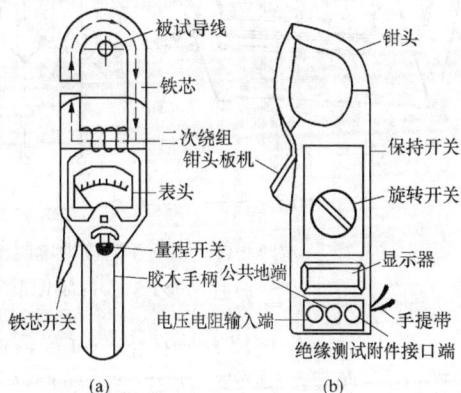

图 1-10　钳形表
（a）指针钳形表；（b）数字钳形表

1. 钳形表的使用方法

使用钳形表时，将量程开关转到合适位置，手持胶木或塑料手柄，用食指勾紧铁芯开关，便可打开铁芯，将被测导线从铁芯缺口引入到铁芯中去，然后放松铁芯开关，铁芯自动闭合，被测导线的电流就在铁芯中产生交变磁力线，表头上就感应出电流，可直接读数。

2. 钳形表使用注意事项

（1）不得用钳形表测量高压线路的电流，被测线路的电压不能超过钳形表所规定的使用电压，以防绝缘击穿，人身触电。

（2）测量前应估计被测电流的大小，选择适当的量程，不可用小量程去测量大电流。

（3）每次测量只能钳入一根导线，测量时应将被测导线置于钳口中央部位，同时注意铁芯缺口的接触面无锈斑并接触牢靠，以提高测量准确度。测量结束时应将量程开关扳到最大量程位置，以便下次安全使用。

（4）测量小于5A以下的电流时，为了得到较准确的读数，若条件允许，可把导线绕几圈放进钳口进行测量，但实际电流值应为读数除以放进钳口内的导线圈数。

（5）钳形表不使用时，要存放在干燥处。

（6）在运输途中要求专人保管防激烈振动而损坏钳形表。

（7）对钳形表要按规定进行校核。

四、接地电阻测试仪

接地电阻测试仪（又称接地摇表）的外形和内部电路结构如图1-11所示。其主要用于直接测量各种接地装置的接地电阻。接地电阻测试仪型号很多，常用的有ZC-8型、ZC-29型等几种。

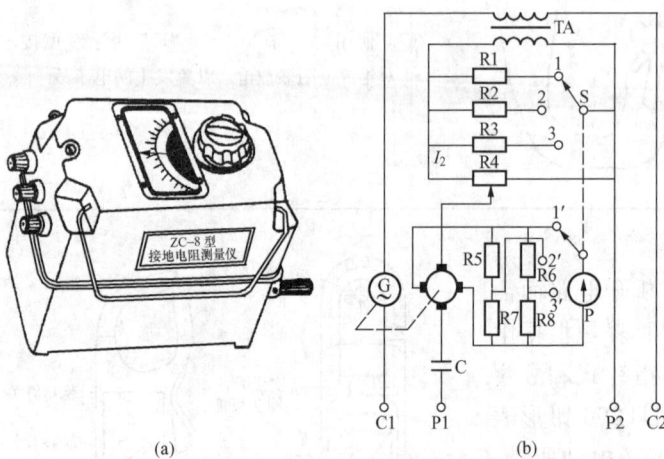

图1-11　ZC-8型接地电阻测量仪
(a) 外形；(b) 内部电路图

ZC-8型接地电阻测试仪有两种量程，一种是0-1-10-1000，另一种是0-1-100-10000。它们都带有两根探测针，其中一根为电位探测针，另一根为电流探测针。

测量前，首先将两根探测针分别插入地中，如图1-12所示，使被测接地极E′、电位探测针P′和电流探测针C′三点在一条直线上，E′至P′的距离为20m，E′至C′的距离为40m，然后用专用线分别将E′、P′和C′接到仪表相应的端钮上。

测量时，先把仪表放在水平位置，检查检流计的指针是否指在红线上，若不在红线上，则可用"调零螺丝"进行调零，然后将仪表的"倍率标度"置于最大倍数，转动发电机手柄，同时调整"测量标度盘"，使指针位于红线上。如果"测量标度盘"的读数小于1，则应将"倍率标度"置于较小的倍数，再重新调整"测量标度盘"，以得到正确的读数。

当指针完全平衡在红线上以后，用测量标度盘的读数乘以倍率标度，即为所测的接地电

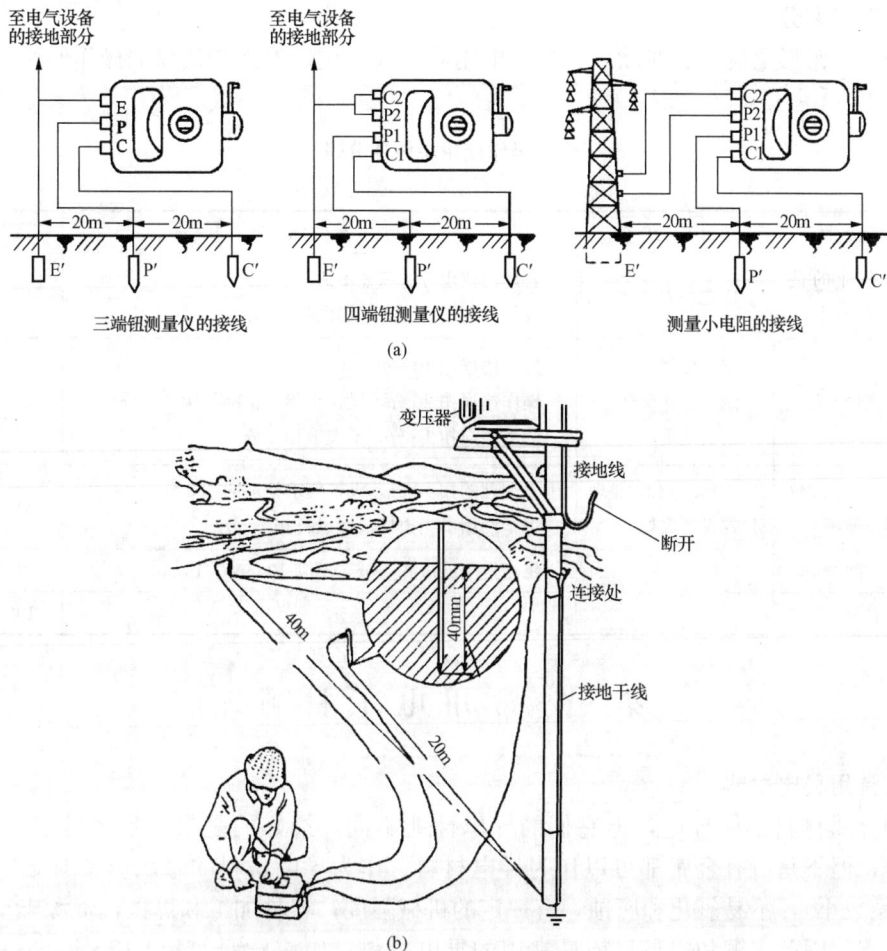

至电气设备的接地部分

三端钮测量仪的接线　　　四端钮测量仪的接线　　　测量小电阻的接线

(a)

变压器

接地线

断开

连接处

接地干线

40m

40mm

20m

(b)

图 1 - 12　用 ZC - 8 接地电阻仪测接地电阻
(a) 接线方法；(b) 测量方法

阻值。

使用接地电阻测量仪时，应注意以下两点：

（1）当检流计的灵敏度过高时，可将电位探测针 P′插入土中浅一些；当检流计灵敏度不够时，可在电位探测针 P′和电流探测针 C′周围注水使其湿润。

（2）测量时，接地线要与被保护的设备断开，以便得到准确的测量数据。

（3）当检流计的指针接近平衡（即指针停在中心红线外）时，再加快摇动转速使其达到 120r/min，并同时调整"测量标度盘"，使指针稳定地停在中心线上。

（4）当接地极 E′和电流探针 C′之间的距离大于 20m 时，或电位探针 P′的位置插在偏离 E′和 C′之间的直线 12m 以外时，测量误差可不计；但 E′、C′间的距离小于 20m 时，则应将电位探针 P′正确地插于 E′和 C′的直线之间。

（5）专用线的探针不能插在接地网内。

（6）接地电阻仪不使用时，要存放在干燥处。

（7）在运输途中要求专人保管防激烈振动而损坏接地电阻仪。

（8）对接地电阻仪要按规定进行校核。

五、考核评分

万用表、钳形电流表、兆欧表、接地电阻测试仪、接地电阻测量仪的操作使用考核评分标准如表1-6。

表 1-6　　　　　　　　　　仪器操作使用考核评分表

班级：　　　　　姓名：　　　　考核项目：常用仪器的操作使用

序号	项 目	内 容	评 分 标 准	分值	得分
1	表计的使用方法	任选一表计	表计的使用方法叙述不清扣10分 表计的使用方法叙述错误扣20分	30	
2	测量操作	测量接线 测量操作步骤 读数准确	接线错误扣10分 操作错误扣20分，操作步骤不正确一次扣5分 读数错误扣10分，不准确扣5分	50	
3	工具、仪器、整理	工具、仪器、整理 仪器设备完好	不整理的扣10分，没按要求整理的扣5分 由于使用不当损坏仪器设备扣20分	10	
4	时间	30min	每超过10min扣5分，不满10min算10min	10	
5	总分			100	

第三节　常用电工材料

一、常用导电材料

各种金属材料都能导电，但它们的导电性能不同，最好的是银，其次是铜、铝、钨、锌、镍等，但不是所有金属都可以作为导电材料。作为导电材料的金属应具有导电性能好（即电阻系数小），不易氧化和腐蚀，有一定的机械强度，容易加工和焊接，资源丰富，价格便宜等特点。因此，铜和铝是目前最常用的导电材料。如一号铜（T1）含铜量＞99.95％，主要用于各种电线电缆的导电线芯；二号铜（T2）含铜量＞99.5％，用于仪器仪表的一般导电零件；无磁性高纯铜（TWC）含铜量＞99.95％，用于高精密仪器仪表的线圈用漆包线等；特一号铝（AL-00）含铝量＞99.7％，是特种要求用铝；一号铝（AL-1）含铝量＞99.5％，主要用于制造电线电缆等。

若按导电材料制成线材（电线或电缆）和使用特点分，导线又有裸线、绝缘电线、电磁线、通信电缆线等。

1. 裸线

裸线的特点是只有导线部分，没有绝缘层和保护层。按其形状和结构分，裸线有单线、绞合线、特殊导线等几种。单线主要作为各种电线电缆的线芯，绞合线主要用于电气设备的连接等。

2. 绝缘电线

绝缘电线的特点是不仅有导线部分，而且还有绝缘层。按其线芯使用要求分有硬型、软型、特软型和移动式等几种。绝缘电线使用范围很广，主要用于各种电力电缆、控制信号电缆、电气设备安装连线或照明敷设等。

3. 电磁线

电磁线是一种涂有绝缘漆或包缠纤维的导线。它主要用于电动机、变压器、电器设备及电工仪表等，作为绕组或线圈。

4. 通信电缆线

通信电缆线包括电信系统的各种电缆、电话线和广播线。

5. 电热材料

电热材料用来制造各种电阻加热设备中的发热元件。要求电阻系数高、加工性能好、有足够的机械强度和良好的抗氧化性能，能长期处于高温状态下工作。常用的电热材料有镍铬合金 Cr20Ni80、Cr15Ni60，铁铬铝合金 1Cr13A14、0Cr13A16M02、0Cr25A15、0Cr27A17M02 等。

6. 电碳制品

电机用电刷主要有石墨电刷（S）、电化石墨电刷（D）、金属石墨电刷（J）。电刷选用时主要考虑：接触电压降、摩擦系数、电流密度、圆周速度、施于电刷上的单位压力。其他电碳制品还有碳滑板和滑块、碳和石墨触头、各种电板碳棒、各种碳电阻片柱、通信用送话器碳砂等。

二、常用导磁材料

物质在磁场的作用下显示出磁性的现象叫磁化。各种物质在磁场的作用下，都会呈现出不同的磁性。导磁材料按其特性不同，一般分为软磁材料和硬磁材料两大类。

1. 软磁材料

软磁材料一般指电工用纯铁、硅钢板等，主要用于变压器、扼流圈、继电器和电动机中作为铁芯导磁体。电工用纯铁为 DT 系列。

2. 硬磁材料

硬磁材料的特点是在磁场作用下达到磁饱和状态后，即使去掉磁场还能较长时间地保持强而稳定的磁性。硬磁材料主要用来制造磁电式仪表的磁钢、永磁电动机的磁极铁芯等。可分为各向同性系列、热处理各向异性系列、定向结晶各向异性系列等三大系列。

三、常用绝缘材料

物体阻碍电流流动的作用叫电阻。物体本身的材料不同，其阻碍电流的能力也不同。电阻率大于 $10^9 \Omega/cm$ 的物质所构成的材料叫绝缘材料，如石棉、云母、瓷器、玻璃、橡胶、变压器油、干木材和塑料等。在电气线路或设备中常用的绝缘材料有：绝缘漆、绝缘胶、绝缘油和绝缘制品等。

1. 绝缘漆

绝缘漆有浸渍漆、漆包线漆、覆盖漆、硅钢片漆、防电晕漆等。

2. 绝缘胶

绝缘胶与无溶剂漆相似，广泛用于浇注电缆接头、套管、20kV 以下电流互感器、10kV 以下电压互感器等。

3. 绝缘油

绝缘油有矿物油和合成油两大类，它主要用于电力变压器、高压电缆、油浸纸电容器中，以提高这些设备的绝缘能力。

4. 绝缘制品

绝缘制品有绝缘纤维制品、浸渍纤维制品、电工层压制品、绝缘薄膜及其制品等。

<h1 style="text-align:center">第四节 安 全 用 电 知 识</h1>

电是一种看不见、摸不着的物质，只能用仪表测量。电器如果使用不合理、安装不恰当、维修不及时或违反操作规程，都会带来严重的不良后果。因此，了解安全用电知识、正确地用好电、管好电，就显得十分重要。

一、安全用电

1. 触电对人体的危害

当人体某一部位接触到带电的导体（裸导线、开关、插座的铜片等）或触及绝缘损坏的用电设备时，人体便成为一个通电的导体，电流流过人体会造成伤害，这就是触电。人触电时，流过人体的电流的大小和伤害程度有很大的关系。少量电流流过人体时，会有麻刺的感觉；若大量电流（如 50mA 电流）流过人体

表 1-7	不同电流对人体的影响
交流电流（mA）	对人体的影响
0.6～1.5	手指有些微麻刺感觉
2～3	手指有些强烈麻刺感觉
5～7	手部肌肉痉挛
8～10	难以摆脱电源，手部有剧痛感
20～25	手麻痹，不能摆脱电源，全身剧痛，呼吸困难
50～80	呼吸麻痹、心脑震颤
90～100	呼吸麻痹，如果坚持3s以上，心脏就会停止跳动

时就会造成伤害，甚至死亡。因此，电工在操作时，应特别注意安全用电、安全操作。

电流的大小对人体的伤害程度，参见表1-7所示。

2. 常见触电方式

常见的触电方式如表1-8所示。

表 1-8		常 见 触 电 方 式
触电方式	示 意 图	说 明
单线触电		当人体的某一部位碰到相线或绝缘性能不好的电气设备外壳时，电流由相线经人体流入大地的触电，称单线触电
双线触电		当人体的不同部位分别接触到同一电源的两根不同相位的相线经人体流到另一相线的触电，叫双线触电

续表

触电方式	示　意　图	说　明
跨步触电		当电气设备相线外壳短路接地，或带电导线直接触地时，人体没有接触带电设备外壳或带电导线，但是跨步行走在电位分布曲线的范围内，形成跨步电压而造成的触电，叫跨步触电

3. 安全用电措施

安全用电的有效措施是"预防为主，安全用电"。在日常生活、学习和工作中，应自觉遵守安全用电规定，如表1-9所示的要求。

表1-9　　　　　　　　　　　安 全 用 电 措 施

示　意　图	说　明	示　意　图	说　明
	不准采用"一线一地"制	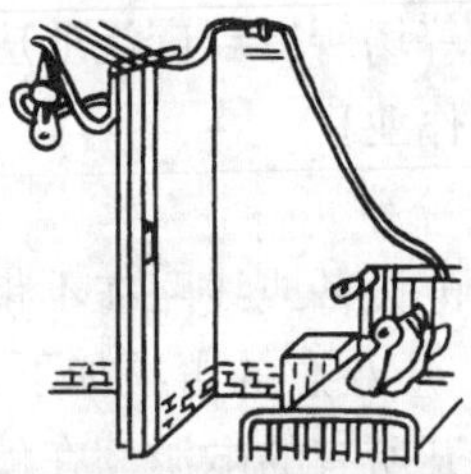	不准乱拉电线
	不准使用绝缘层已损坏的电器		不准在插头上接过多或功率过大的用电设备
	不准直接接拉电线	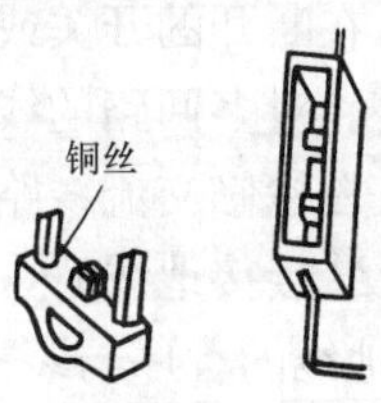	不准用铜丝做熔断器（保险丝）
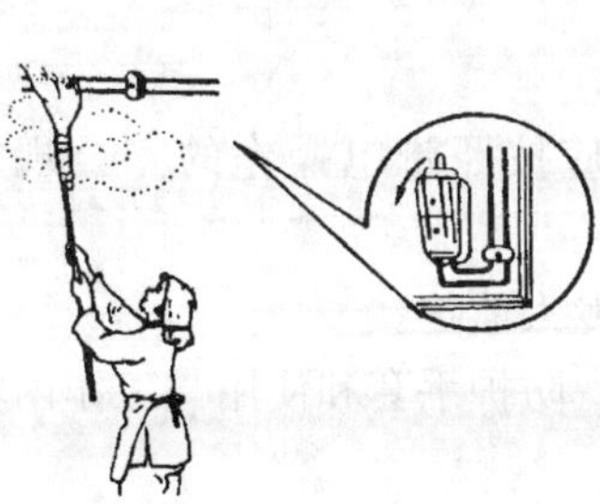	未切断电源，不准对电气设备进行打扫	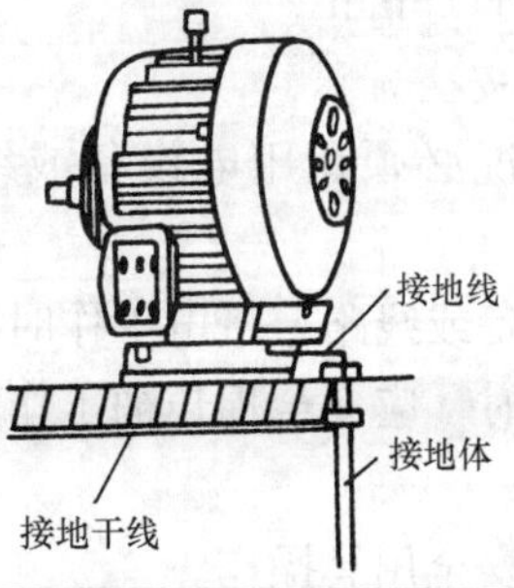	①对电气设备要做良好的接地保护；②对重要电气设备要设置明显的双接地保护

　　在选用用电设备时，须优先考虑带有隔离、绝缘、防护接地、安全电压或防护切断等防范措施的用电设备。

　　(1) 隔离。隔离就是采取某种方法，使人体不能直接接触用电设备的带电部分，甚至不接触用电设备本身。

　　(2) 绝缘。绝缘就是采取某种措施将带电导体部分包封在绝缘材料里面，这样就不会产生不允许的触电电流通过人体。

　　(3) 防护接地。防护接地就是将用电设备不带电的金属外壳，用导线和接地体与大地连接起来，使其保持与大地等电位，这样即使用电设备内部绝缘损坏，其漏电流通过接地系统流入大地，人体接触后也不会发生触电危险。

　　(4) 安全电压。安全电压就是对用电设备使用低电压（交流 36V 及 36V 以下的电压）。由于使用低电压，即使有漏电发生，产生的电流在安全范围内，流过人体也不足以引起危险。这种方法只适用于使用低电压的用电设备。

　　(5) 防护切断。防护切断就是在用电设备线路上装接电压型或电流型触电保护器（开关），当用电设备不带电金属外壳出现高于安全电压时，或出现大于安全值的漏电流时，立即切断电源起到防范作用。由于电流型触电保护器具有较高的灵敏度和可靠性，在国内外许多家庭、仓库、工地等场所得到广泛的应用。

　　二、安全操作（作业）

　　1. 停电工作的安全常识

　　停电工作是指用电设备或线路在不带电情况下进行的电气操作（作业）。为保证停电后的安全操作（作业），应注意的事项如下：

　　(1) 检查是否断开所有的电源。在停电操作（作业）时，为保证安全应断开电源，使电源至作业的设备或线路有两个以上的明显断开点。对于多回路的用电设备或线路，还要注意从低压侧向被作业设备的倒送电。

　　(2) 进行操作前的验电。操作前，使用电压等级合适的验电器（笔），对被操作的电气设备或线路进出两侧分别验电。验电时，手不得触及验电器（笔）的金属带电部分。确认无电后，方可进行工作。

　　(3) 悬挂警告牌。在断开的开关或刀闸操作手柄上应悬挂"禁止合闸、有人工作"的警告牌，必要时加锁固定。对多回路的线路，更要防止突然来电。

　　(4) 挂接接地线。在检修交流线路中的设备或部分线路时，对于可能送电的地方都要装设携带型临时接地线。装接接地线时，必须做到"先接接地端，后接设备或线路导体端，接触必须良好"。拆卸接地线的程序与装接接地线的步骤相反，接地线必须采用多股软裸铜导线，其截面积不小于 $25mm^2$。

　　2. 带电工作的安全常识

　　如果因特殊情况必须在用电设备或线路上带电工作时，应按照带电操作的安全规定进行。

　　(1) 在用电设备或线路上带电工作时，应由有经验的电工专人监护。

　　(2) 电工工作时，应穿全棉长袖工作服，戴好安全工作帽、防护手套和使用与工作内容相应的防护用品。

　　(3) 使用绝缘安全用具操作。

在移动带电设备上操作（接线）时，应先接负载后接电源，拆线时顺序相反。

（4）电工带电操作时间不宜过长，以免因疲劳过度、注意力分散而发生事故。

3. 设备运行管理常识

（1）出现故障的用电设备和线路，不能继续使用，必须及时进行检修。

（2）用电设备不能受潮，要有防雨、防潮的措施，且通风条件要良好。

（3）用电设备的金属外壳，必须有可靠的保护接地装置。凡有可能遭雷击的用电设备，都要安装防雷装置。

（4）必须严格遵守电气设备操作规程。

合上电源时，应先合电源侧开关，再合负荷侧开关；断开电源时，应先断开负荷侧开关，再断开电源侧开关。

4. 接地装置与防雷接地

（1）接地装置。

1）"地"的概念。它是指电气上的"地"，即指如图 1-13 所示的距接地体 20m 以外地方的电位（该处的电位已降至近为零）。这电位等于零的地方，就是我们所说的电气上的"地"。

2）接地装置。接地装置是指用电设备的接地体与大地接触的金属导体；接地线是用电设备金属外壳与接地体连接的金属导线。

3）接地的作用与种类。接地的主要作用是保证人身和设备的安全。若按接地的目的及工作原理来分，有表 1-10 所示的几种。

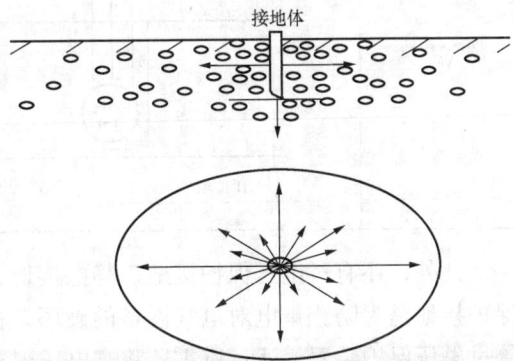

图 1-13 接地电流的电位分布曲线图

表 1-10 接地的分类

接地的分类	示 意 图	说 明
工作接地		为保证用电设备安全运行，将电力系统中的变压器低压侧中性点接地称为工作接地 如电力变压器和互感器的中性点接地，都属于工作接地
保护接地		将用电设备的金属外壳及金属支架等与接地装置连接，称为保护接地。保护接地主要应用在中性点不接地的电力系统中

续表

接地的分类	示 意 图	说 明
保护接零		将用电设备的外壳及金属支架等与零线连接称保护接零 在三相四线制中性点直接接地的电网中,广泛采用保护接零
重复接地		在三相四线制保护接零电网中,除了变压器中性点的工作接地之外,在零线上一点或多点与接地装置的连接称重复接地

此外,还有过电压保护接地、静电接地、隔离接地(屏蔽接地)和共同接地等。过电压保护接地是为防止雷电对电气设备的破环,在变电所、架空线路等电力设备上,采用避雷器等过电压保护装置,通过避雷器将高电压引入接地装置。静电接地是为防止聚集静电荷,而对某些管道、容器等进行的接地。隔离接地(屏蔽接地)是把用电设备用金属机壳或屏蔽网封闭再接地。它可以防止外来信号干扰,也可以屏蔽干扰源,如工厂的高频淬火设备必须屏蔽接地。共同接地是指在接地保护系统中,将接地干线或分支线多点接地装置的连接。

(2)防雷接地。防雷接地也是为泄掉雷电流而专门设置的接地装置,其装置可分为两种形式,如图1-14所示。

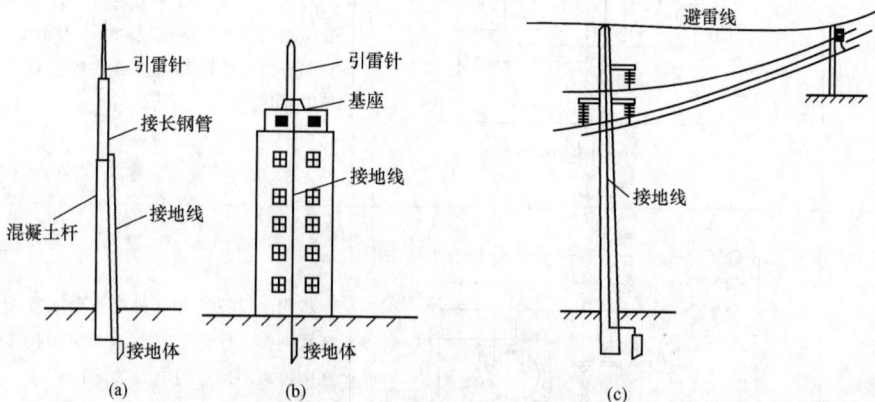

图 1-14 防雷接地示意图

(a)混凝土杆接地;(b)建筑接地;(c)电杆接地

5. 电气消防

用电设备发生火灾有两个特点：一是着火后用电设备可能带电，如不注意可能引起触电事故；二是有的用电设备本身有大量的油，可能发生喷油或发生爆炸，会造成更大的事故，这是需要特别注意的。

发生电气火灾时，要做到：

(1) 尽快切断电源。当用电设备或电气线路发生火灾时，应尽快地切断电源，以防火势蔓延和灭火时触电。

(2) 带电灭火时，应选用干黄砂、二氧化碳、1211（二氟一氯一溴甲烷）、二氟二溴甲烷或干粉灭火器。严禁用泡沫灭火器对带电设备进行灭火，否则既有触电危险，又会损坏电气设备。

(3) 灭火时，要保证灭火器与人体之间及灭火器与带电体之间的最小距离（10kV 电源不得小于 0.7m，35kV 电源不得小于 1m）。

6. 触电现场的救护

触电急救的基本原则是动作迅速、救护得法，切不要惊慌失措，束手无策。当发现有人触电时，必须迅速地使触电者脱离电源，然后根据触电者的具体情况，进行相应的现场救护。

(1) 脱离电源，根据具体情况可选用切断电源回路、迅速拉开刀闸或拔去电源插头、用绝缘棒拨开触电者身上的电线等措施。

(2) 对触电者进行判断的常用方法有：

1) 侧看触电者的胸部、腹部有无起伏动作。

2) 聆听触电者心脏跳动情况。

3) 触摸触电者喉结旁的径动脉有无跳动。

(3) 在现场救护伤员的同时，要迅速用通信工具拨 120 求援急救。

(4) 实施现场救护的方法有：

1) 口对口人工呼吸救护法。

2) 心脏胸外挤压救护法等。

但是注意不能打强心针，也不能泼冷水。

第二章

电 工 基 本 技 能 训 练

第一节　电工识图基本技能训练

电路和电气设备的设计、安装、调试与维修都要有相应的电气图作为依据或参考。电气图是根据国家制订的图形符号和文字符号标准，按照规定的画法绘制出的图纸。它是电气工程技术的语言，凡从事电气操作的人员，必须掌握识读电气图。

一、识图的基础知识

1. 电气图的分类

电气图又叫电工用图。电气图的种类较多，通常有电气原理图、电气安装接线图、电气系统图、方框图、展开接线图、电器元件平面布置图或系统图等。本节将叙述在电气安装与维修中用得最多的电气原理图和电气安装接线图。

（1）电气原理图。电气原理图是用电气符号、按工作顺序排画的，详细表示了电路中电气元件、设备、线路的组成以及电路的工作原理和连接关系，而不考虑电气元件、设备的实际位置和尺寸的一种简图。图2-1为三相异步电动机点动正转控制线路的电气原理图。为了便于说明，暂在图中省略了边框线和图区编号。

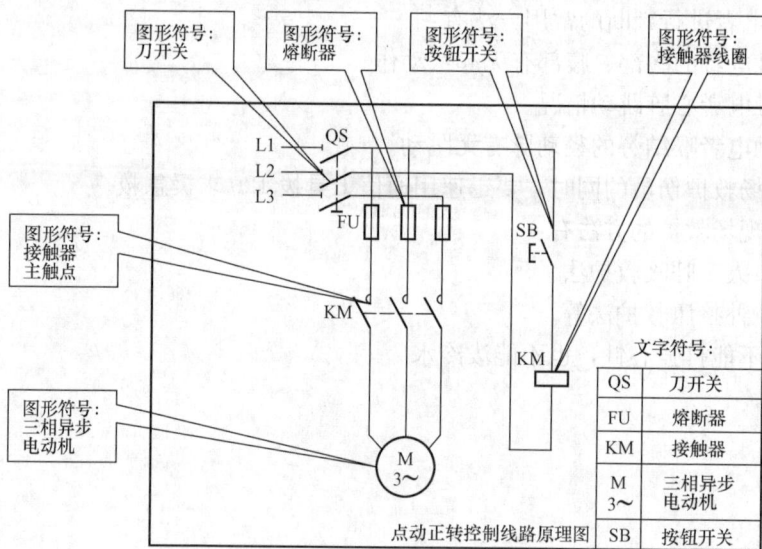

图 2-1　电气原理图

（2）电气安装接线图。电气安装接线图是表示设备电气线路连接关系的一种简图。它是根据电气原理图和位置图编制而成的，主要用于电气设备及电气线路的安装接线、检查、维修和故障处理。在实际工作中，电气安装接线图可以与电气原理图、位置图配合使用。

电气安装接线图又可分为单元接线图、互连接线图、端子接线图等。

2. 电气图中区域的划分

标准的电气图（电气原理图）对图纸的大小（即图幅）、图框尺寸和图区编号均有一定的要求，如图 2-2 所示。

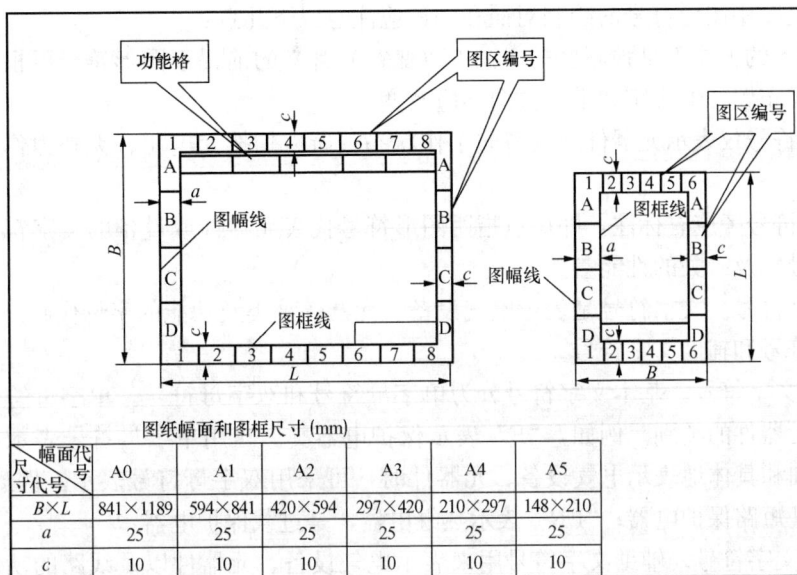

幅面代号 尺寸代号	A0	A1	A2	A3	A4	A5
$B \times L$	841×1189	594×841	420×594	297×420	210×297	148×210
a	25	25	25	25	25	25
c	10	10	10	10	10	10

图 2-2 电气原理图中图幅、图框尺寸、图区编号的要求

电气图（电气原理图）的图幅和图框尺寸是一一对应的。图框线上、下方横向标有阿拉伯数字 1，2，3 等，图框线左、右方纵向标有大写英文字母 A、B、C 等，这些是图区编号，是为了便于检索图中的电气线路或元件，方便阅读、理解全线路的工作原理而设置的，俗称"功能格"。

3. 电气图中符号位置的索引

为了便于查找电气图中某一元件的位置，通常采用符号索引来表示。符号位置索引是由图区编号中代表行（横向）的字母和代表列（纵向）的数字组合，必要时还须注明所在图号、页次。

4. 电气符号

在电气图（电气原理图）中的电气符号是国家统一规定的，它包括图形符号、文字符号和回路标号。

（1）图形符号。电气图用图形符号是指用于电气图中的元器件或设备的图形标记，它是电气图组成的基本要素之一，熟悉图形符号是制图和识图的基础。

1）基本符号。基本符号不表示独立的电气元件，只说明电路的某些特征。例如，"～"表示交流电，"—"表示直流电等。

2）一般符号。一般符号是用以表示一类产品和此类产品特征的一种较简单的符号。例如，"￪"，表示接触器、继电器的线圈。

3）明细符号。明细符号是表示某一种具体的电气元件，它由一般符号、限定符号、物理量符号等组合而成。例如，过电流继电器线圈的符号，它由线圈的一般符号"￪"、物理符号"I"和限定符号"＞"组成。

详细的电气图用图形符号，其最新标准可参阅国标 GB/T4728.1～4728.13—1996～2000

《电气简图用图形符号》。

有关电气图中图形符号的绘制对照和阅读应注意以下几点：

1）电气图的方位不是强制性的。在不改变符号含义的前提下图形符号可根据图面的需要旋转或镜像布置，但文字和批示方向不应改变。

2）图形符号仅表示元器件或设备非工作状态，所以均按无电压、无外力作用的正常状态表示。

3）图形符号旁应有标注，即用以指明图形符号代表元器件或设备的文字符号（严格讲应为项目代号）及有关的性能参数。

（2）文字符号。文字符号是表示电气设备、元器件种类及功能的字母代码。文字符号又分基本文字符号和辅助文字符号。

1）基本文字符号。基本文字符号分为单字母符号和双字母符号。单字母符号表示各种电气设备和元器件的类别。例如，"F"表示保护电器类。当用单字母符号表示不能满足要求，需较详细和具体地表示电气设备、元器件时，可采用双字母符号表示。例如"FU"表示熔断器，是短路保护电器；"FR"表示热继电器，是过载保护电器。

2）辅助文字符号。辅助文字符号用来表示电气设备、元器件以及线路的功能、状态和特征。例如，"SYN"表示同步，"L"表示限制，"RD"表示红色等。

（3）回路标号。电气原理图中的回路上都标有文字标号和数字标号，它们是回路标号。回路标号主要用来表示各回路的种类和特征，通常由3位或3位以下数字组成，按照"等电位"的原则进行标注。所谓等电位原则，即回路中凡接在一点上的所有导线具有同一电位，标注相同的回路标号。所有线圈、绕组、触点、电阻、电容等元件所间隔的线段，应标注不同回路标号。

在电气原理图中，主回路标号由文字标号和数字标号两部分组成。文字标号用来标明回路中电气元件和线路的技术特性。例如，交流电动机定子绕组首端用 U1，V1，W1 表示，尾端用 U2，V2，W2 表示；三相交流电源用 L1，L2，L3 表示。数字标号用来区别同一文字标号回路中的不同线段。例如，三相交流电源用 L1，L2，L3 标号，开关以下用 1L1，1L2，1L3 标号，熔断器以下用 2L1，2L2，2L3 标号等。

（4）技术数据的表示方法。关于某一个电气设备或元件的技术数据可以标在图形符号的旁边，例如，热继电器的动作电流调整范围和整定值。技术数据也可用表格的形式单独给出。

5. 电气图识图的一般方法

电气图的识图是对电气图的阅读、理解和识别。电气图种类较多，对各类电气图的识图要求和目的各有侧重，因此，相应的识图方法和步骤也不尽相同。阅读电气图既要有一定的电气图制图的基本知识，又要有相关的专业知识，并结合学习、生产和生活中遇到的电气图实例，多加分析实践。

（1）查阅文字说明。一套复杂的系统电气图应包含系统功能、电气原理、元器件，明细等技术说明资料，识图时应首先查阅，以便了解系统的总体框架，使具体识图时少走弯路。

（2）系统模块分解。一般对原理图、逻辑图、流程图等按功能模块分解，而对接线图等往往按安装制作的位置模块分解，这是化大为小的分析方法。通过模块的组成和特点的分析，有助于理解系统的工作原理、功能特点和安装方式要求。

（3）导线和元器件的识别。分清图中的动力线、电源线、信号控制线、负载等导线的线型、规格和走向，识别元器件及部件设备的型号、规格参数及在图中的作用，必要时可查阅有关元器件或设备手册。这种细化的识图方式，是对系统全面的分析理解所必须的，也是安装、调试和维修的基础。

（4）整理识图的结果。识图结束应整理出必要的文字说明，指出电气图的功能特点、工作原理、主要元器件和设备、安装要求、注意事项等。这种文字说明对简单的电气图可以极其扼要，甚至没有，而对复杂电气图的识图必须要有，且应成为技术资料的一个组成部分。

二、电气原理图识图步骤和方法

1. 电气原理图绘制的一般原则

电气原理图是根据电气设备和控制元件动作原理，用展开法绘制的图。它用来表示电气设备控制元件的动作原理，而不考虑实际电气设备和控制元件的真实结构和安装位置情况，它只是供研究电气动作原理和分析故障以检查故障和维护时使用。电气原理图非常清楚地画出电流流经的所有路径、用电器具与控制元件之间相互关系，以及电器设备和控制元件的动作原理。有了电气原理图，就可以很容易地找出接线的错误和发现电路运行中所出现的故障点。

电气原理图绘制原则有以下几点：

（1）按电气符号标准。电路中的电气设备和电器元件必须按照国家标准规定的电气符号绘制。

（2）文字符号标准。电路中各电器设备的控制元件的文字符号必须按照国家标准 GB7159—1987 规定的文字符号标明（如图 2-3 中 QS 为开关，FU 为熔断器，FR 为热继电器，KM 为交流接触器，M 为三相电动机）。

（3）按顺序排列。电气原理图中的各电器设备和控制元件，按照先后工作顺序纵向排列，或者水平排列。图 2-3 中的熔断器（FU）、交流接触器（KM）、热继电器（FR）、电动机（M）就是纵向排列的。

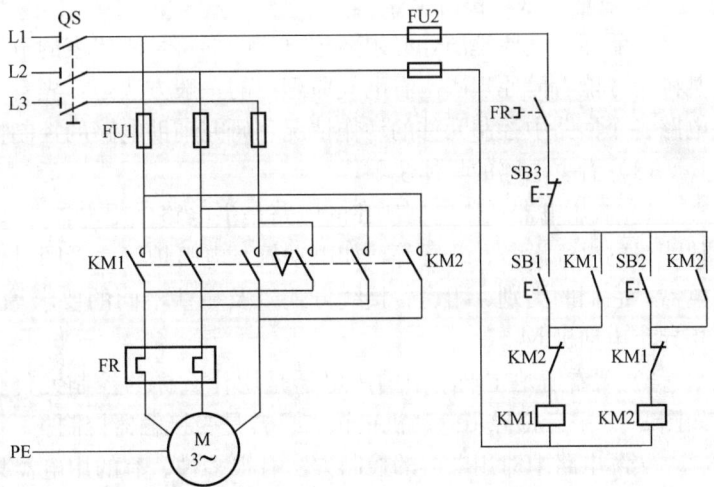

图 2-3　电动机正、反转控制电路

（4）用展开法绘制。电气原理图中的各电器设备和控制元件用展开法绘制。电路中的主电路（有用电器电路），用粗实线画在图纸的左边、上部或下部。这样，主电路和辅助电路、回路与回路之间极易区别，醒目好懂。

图 2-3 是三相异步电动机用交流接触器控制的正反转的电气原理图。由图 2-3 可见，主电路包括有总电源开关（QS）、交接触器（KM）主触点、热继电器（FR）、三相异步电动机（M）；辅助电路包括停止按钮（SB3）、正转按钮（SB1）、反转按钮（SB2）、交流接触

器线圈（KM1、KM2）、两个交流接触器辅助触点有 2 个动合触点和 2 个动断触点，热继电器的辅助触点。电路图中交流接触器采用了展开绘制方法。主电路中用到接触器的主触点，辅助电路中有接触器线圈和自锁（辅助）触点。

（5）控制元件的同一性。电气原理图中采用展开法绘制的控制元件，同一个元件（如图 2-3 中的接触器线圈、主触点、辅助触点）必须用同一个文字符号标明。

（6）表明动作原理与控制关系。电气原理图必须表达清楚电气设备和控制元件的动作原理（即电路工作过程），必须表达清楚控制与被控制的关系。图 2-3 中的总电源开关 QS，是控制主电路和辅助电路的总开关。辅助电路中的 SB1 是使接触器（KM1）线圈得电的开关，而 SB2 是使接触器（KM2）线圈得电的开关，SB3 停止按钮即控制接触器失电；接触器主触点是控制电动机 M 正转（KM1）和反转（KM2）的。

（7）电气原理图中的主电路和辅助电路。电气原理图根据习惯画法可分为主电路和辅助电路（又称为控制电路）两种电路。

1）主电路：主电路系指给用电器（电动机、电弧炉）供电的电路，是受辅助电路控制的电路。主电路又称为主回路，主回路习惯用粗实线画在图纸的左边或上部，图 2-3 中左边的电路，就是主电路。

2）辅助电路：辅助电路系指给控制元件供电的电路，是控制主电路动作的电路，也可以说是给主电路发指令信号的电路。辅助电路又称为控制电路、控制回路等。辅助电路习惯用细实线画在图纸的右边或下部，如图 2-3 中右边的电路，就是辅助电路。

2. 看电气原理图的步骤

要看懂电气原理图，必须熟记电气图形符号所代表的电气设备、装置和控制元件，在此基础上才能看懂原理图。看电气原理图的一般方法是：先看主电路，后看辅助电路，并根据电路各个回路中控制元件的动作情况，研究辅助电路的控制情况。

（1）看主电路的具体步骤。

1）看用电器。用电器所在的电路是主电路。用电器是指消耗电能或者将电能转变为其他能量的电气设备、装置等，如电动机、电弧炉等。看图时要首先看清楚主电路中有几个用电器，它们的类别、用途、接线方式以及一些不同的要求等。图 2-3 中的用电器是一台三相异步电动机 M。

2）要看清楚主电路中的用电器是用什么样的控制元件控制，是用几个控制元件控制，如图 2-3 中三相异步电动机正转和反转是受接触器控制。

实际电路中对用电器的控制方法有很多种。有的用电器只用开关控制，有的用电器用起动器控制，有的用电器用接触器或其他继电器控制，有的用电器是用程序控制器控制，而有的用电器直接用功率放大集成电路控制。正因为用电器种类繁多，所以对用电器的控制方法就有很多种，这要求我们分析清楚主电路中的用电器与控制元件的对应关系。

3）看清楚主电路除用电器以外的其他元器件，以及这些元器件所起的作用。例如在图 2-3 中，主电路除用电器三相异步电动机外还有总电源开关 QS、热继电器（FR）和熔断器 FU1 三个元件。开关 QS 是总电源开关，也就是使电路与电源相接通或断开的开关；热继电器对电路起过载保护的作用，FU1 熔断器对电路起短路保护的作用，即电路发生短路时，熔断器的熔体立即熔断，使负荷与电源断开。

主电路中各元器件和用电器一般情况下都比辅助电路中的控制元器件要少。看主电路时，可以顺着电源引入朝下逐次观察。

4）看电源。要了解电源的种类和电压等级。电源有直流电源和交流电源两种类型。直流电有的是直流发电机供给，也有的是整流设备供给。直流电源常见的电压等级为660、220、110、24、12V等。交流电多数情况下是由三相交流电网供电，有时也用交流发电机供电。交流电源低压电压等级有380、220、110、36、24V等，频率为50Hz（高频交流发电机的交流电频率不是50Hz）。

在图2-3中电路所接电源为380V交流三相电，电压频率为50Hz。

（2）看辅助电路具体步骤和方法。

1）看辅助电路的电源。分清辅助电路电源种类和电压等级。辅助电源的电压等级有两种：一种是交流电源，另一种是直流电源。

辅助电路所有交流电源电压一般为380V或220V，频率为50Hz。辅助电路电源若是引自三相电源的两根相线，则电压为380V；若辅助电路电压取自三相电源的一根相线和一根零线，则电压为220V；辅助电路电源若为直流，一般常用的直流电源电压等级有110、24、12V等三种。

若在同一个电路中主电路电源为交流，而辅助电路电源为直流电源，一般情况下，辅助电路是通过整流装置（整流环节）供电。若在同一个电路中主电路和辅助电路的电源都为交流电，则辅助电路电源一般引自主电路。在图2-3中，主电路和辅助电路电源都是交流电。辅助电路电源是从主电路总电源开关QS的下端引出的，辅助电路电源电压为380V。

只有弄清楚辅助电路的电源种类和电压等级，才能合理地选择控制元件。例如图2-3的辅助电路电源为交流380V，则控制元件的按钮开关SB耐压应为交流500V，控制元件的接触器线圈额定电压必须是380V（俗称380V交流接触器）。由此可见，辅助电路中的控制元件所需的电源种类和电压等级必须与辅助电路的电源种类和电压等级相一致。绝不允许将交流接触器、继电器等控制元件用于直流电路中，也不允许直流接触器、继电器等控制元件用于交流电路。一旦将有线圈的交流控制元件误接于直流电路中，控制元件通电会立即使线圈烧毁；而误将有线圈的直流控制元件接入交流电路，控制元件通电也不会正常工作。

2）弄清辅助电路中每个控制元件的作用，弄清辅助元件电路中的控制元件对主电路用电器的控制关系是识电气图最关键环节。可以说弄清了辅助电路各控制元件的作用和各控制元件对主电路用电器的控制关系，就是读懂了电气原理图。

辅助电路是一个大回路，而在大回路中经常包含着若干个小的回路，在每个小回路中有一个或多个控制元件。一般情况下，主电路中用电器越多，则辅助电路的小回路和控制元件也就越多。在实际电路中控制元件数都比主电路用电器数多。

在图2-3所示的电路中，辅助电路有两个回路，在此回路中有两个熔断器（FU2）、三个按钮开关（SB）、两个交流接触器的线圈四个辅助触点、一个热继电器的辅助触点等四种控制元件。熔断器FU2是辅助电路短路保护用的；热继电器FR是辅助电路过载保护用的；按钮开关SB3是控制交流接触器KM线圈通、断电的控制元件；按钮开关SB1是控制交流接触器KM1线圈通电的控制元件，使电动机正转；按钮开关SB2是控制交流接触器KM2线圈通电的控制元件，使电动机反转。

　　当将总电源开关 QS 闭合后，则主电路和辅助电路都与电源接通（即电路有电压，而无电流）。按下按钮开关 SB1，其动合触点（主电路中的触点 KM1）闭合，主电路的电动机 M 与电源接通启动运行。当松开按钮开关 SB1 时，则 KM1 动合辅助触点自锁保持连续转动。同时动断辅助触点分断，切断反转控制电路，这就防止了在电动机正转时，误按了反转启动按钮 SB2 而造成短路。

　　如果要电动机反转，必须先按停止按钮 SB3，使正转接触器断电。再按反转启动 SB2，使反转接触器 KM2 各动合触点闭合，分别接通主电路和控制电路，使电动机反转。

　　当电路得电处于工作状态，若辅助电路发生短路故障，会使熔断器 FU2 先熔断，使接触器线圈失电，导致电动机 M 断电停止运行。若主电路发生故障，会使熔断器 FU1 熔断，也会使辅助电路的接触器失电。在熔断器 FU1 有两个熔体熔断时，电动机 M 定子绕组没有电流，电动机 M 立即停转。

　　综上所述，弄清电路中各控制元件的动作情况和对主电路中用电器的控制作用是看懂电气原理图的关键。

　　3）研究辅助电路中各控制元件之间的制约关系。在电路中所有的电气设备、装置、控制元件都不是孤立存在的，而是相互之间都有密切联系的。有的元器件之间是控制与被控制的关系，有的是相互制约的关系，有的是联动的关系。在辅助电路中控制元件之间的关系也是如此。

　　3. 电气原理图识图的一般注意事项

　　电气原理图是电气图中使用最多的一种图，是学习电工电子技术、阅读电气图纸的基础。要阅读明白一张生产机械电气控制线路原理图，除了要对电机、电器等设备要具有必要的知识外，识图时还应注意以下几点：

　　（1）应了解生产机械设备的工艺过程，控制线路服务的对象及生产过程对控制线路提出的要求，要有一个生产机械动作顺序表。

　　（2）了解控制系统中各电机、电器的作用。一般控制系统图都附有电机、电器一览表，可以查出各电器元件的作用。同时还应搞清每个电机（或电磁阀）是由哪些接触器控制的。

　　（3）识图时要掌握控制电路编排上的特点。一般控制电路，其线路的排列常依据生产设备动作的先后次序由上到下并联排列，识图时也要一行行的进行分析。

　　（4）在控制电路原理图中，同一个电器的线圈和触头用同一文字符号表示，但同一电器的线圈和触头会分布在不同的支路中起到不同的作用。

　　接触器、电压、电流、时间继电器等，它们的触头的作用是依靠其吸引线圈通断电来实现的。但是还有一些电器，如按钮、行程开关、压力继电器、温度继电器等没有吸引线圈只有触头，这些触头的动作是依靠外力或其他因素实现的。所以识图时应当特别注意，在控制电路中是找不到这些电器的吸引线圈的。

　　（5）电器控制原理图中的所有电器的触头均按其自然状态下的情况画出，但在识图时要注意有些触头的自然状态与实际工作情况不一定相符。例如，机械设备处于起始位置时，某些行程开关可能受到压力，动合触点已闭合，动断触点已断开。有些继电器的线圈在电源开关闭合时就已通电（这时主令电器并没发出命令）。因此，在识图时对这些问题也要加以注意。

三、电气接线图识图的步骤和方法

1. 电气接线图绘制的基本原则

首先明确电气接线图是依据相应电气原理图绘制而成的,电路接线后必须达到对应电气原理图所能实现的功能,这也是检查电路接线是否正确的惟一标准。

电气原理图以表明电气设备、装置和控制元件之间的相互控制关系为出发点,使人能明确分析电路工作为目标。电气接线图以表明电气设备、装置和控制元件的具体接线为出发点,以接线方便、布线合理为目标。电气接线图必须表明每条线所接的具体位置,每条线都有具体明确的线号。每个电气设备、装置和控制元件都有明确的位置,而且将每个控制元件的不同部件都画在一起,并且常用虚线框起来。电气辅助触点绘制于辅助电路,而其主触点则绘制于主电路中。图2-4为电动机点动控制电路电气原理图,图2-5为其电气接线图。

电气接线图各电器设备、装置和控制元件绘制的基本原则如下:

（1）电气接线图各电器设备、装置和控制都是按照国家规定的电气图形符号绘制,而不考虑真实结构。

（2）电路中各元件位置及内部结构处理。电气接线图中每个电气设备、装置和控制元件是按照其所在配电盘的真实位置绘制,同一个元件集中绘制在一起,而且经常用虚线框起来。有的元器件用实线框表示出来,其内部结构全部略去,而只画出外部接线,如半导体集成电路在电路图中只画出集成块和外部接线,而实线框内标出元器件的型号。

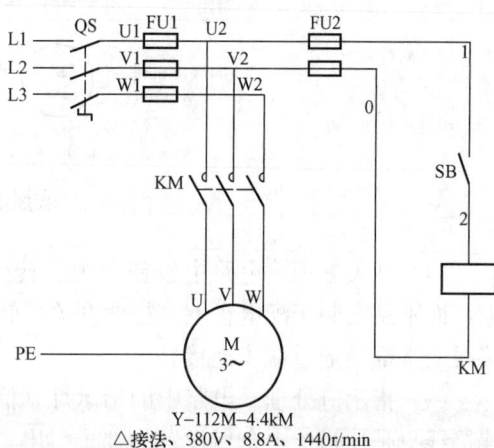

图2-4　电动机点动控制电路电气原理图

（3）电气接线图中的每条线都有明确的标号（称为线号）,每根线的两端必须标同一个线号。电路接线图中串联元器件的导线线号标注有一定规律,即串联的元器件两边导线线号不同。由图2-5带熔断器刀开关两边导线可见,进入开关QS的三根导线线号分别为L1、L2、L3,而与开关接触的三根导线线号分别为U1、V1、W1。

（4）电气接线图中凡是标有同线号的导线可以并接于一起。如图2-5中的连接熔断器FU2的两根线和连接FU1的两根线号均为U2和V2,则说明这四根线都是来自熔断器FU1下端U2和V2处;也就是说从熔断器FU1下的U2和V2处可各引出两根线分别接于KM主触点和熔断器FU2的进入端。

（5）元器件连接的进线端为元器件的上端接线柱,而出线端为元器件的下端接线柱。

2. 电气接线图中电气设备、装置和控制元件位置安排常识

（1）出入端子处理。电源引入线端子和配电盘引出端子通常都是安排在配电盘下方或左侧。

（2）控制开关处理。配电盘总电源控制开关（刀开关或熔断器）一般都是安排在配电盘下方位置（左上方或右下方）。

（3）熔断器处理。配电盘有熔断器时,熔断器也安排在配电盘的上方位置。

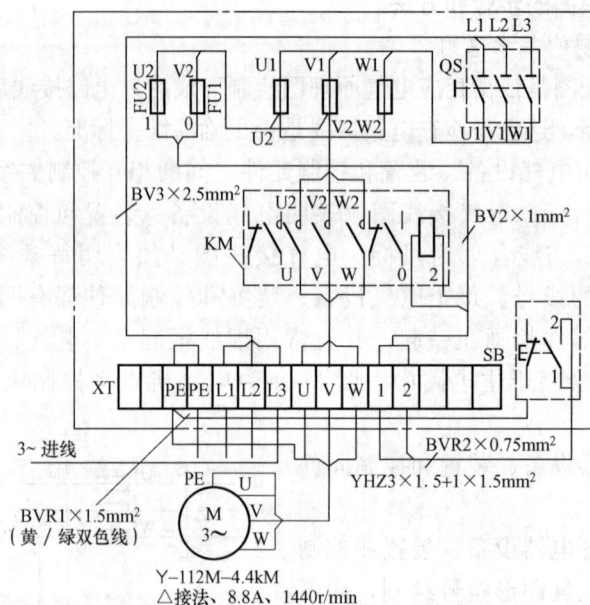

图 2-5　电动机点动控制电气接线图

（4）开关处理。电路中按钮开关、转换开关、旋转开关一般都安装于容易操作的面板上，而不是安装于配电盘上。按钮开关、转换开关、旋转开关与配电盘上控制元件之间的连接线通常都是通过端子连接。

（5）指示灯处理。电路中的指示灯（信号灯）都是安装在容易观察的面板上。指示灯的连接线也是通过配电盘所设置的端子引出。

（6）交直流元件区分处理。电路中采用直流控制的元器件与采用交流控制的元器件应分开安装，以避免交流与直流连接线搞错。

3. 电气接线图的识图步骤和方法

读电气接线图，首先要对电气原理图弄得很清楚，结合电气原理图看电气接线图是读懂电气接线图的最好方法。

（1）分析清楚电气原理图中主电路和辅助电路所含有的元器件，弄清楚每个元器件的动作原理。要特别弄清楚辅助电路控制元件之间的关系，弄清楚辅助电路中有哪些控制元件与主电路有关系。

（2）弄清楚电气原理图和电气接线图中元器件的对应关系，在电气原理图中元器件表示的图形符号都按照国家标准规定的图形符号绘制，但是电气原理图是根据电路工作原理绘制，而电气接线图是按电路实际接线绘制，这就造成对同一个元器件在两种图中方法上可能有区别。例如接触器、继电器、热继电器、时间继电器等控制元件，在电气原理图中是将它们的线圈和触点画在不同位置（不同支路），而在电气接线图中是将同一个继电器的线圈和触点画在一起。可参见图 2-5 中的交流接触器 KM 的画法。

（3）弄清楚电气接线图中接线导线的根数和所用导线的具体规格。通过对电气接线图细致的观察，可以得出所需导线的准确根数和所用导线的具体规格。在电气接线图中每两个接线柱之间需要一根导线。如在图 2-5 中配电盘内部共有 17 根线，其中主电路导线 12 根，辅助电路 5 根导线。在电气接线图中应该标明导线的规格。如在图 2-5 中连接电源与开关的导线为 2.5mm² 塑料绝缘导线（BV3×2.5 表示 3 根 2.5mm² 塑料绝缘导线），辅助回路的导线规格和保护线的导线规格也在图中标出来了。

在很多电气接线图中并不标明导线的具体型号规格，而是将电路中所有元器件和导线型号规格列入元件明细表中。

如果电气接线图中没有标明导线的型号规格，而明细表中也没有注明型号规格，这就需要接线人员选择导线。

（4）根据电气接线图中的线号研究主电路的线路走向。分析主电路的线路走向是从电源引入线开始，依次找出接主电路用电器所经过的元器件。电源引入线规定的文字符号 L1、L2、L3 或 U、V、W 表示三相交流电源的三根相线（火线）。如图 2-5 中电源到电动机 M 之间连接线要经过配电盘端子引入→开关 QS→熔断器 FU1→交流接触器 KM 的主触点（三对主触点）→配电盘端子（U、V、W）→电动机接线盒的接线柱。

（5）根据线号研究辅助电路的走向。在实际电路接线过程中主电路和辅助电路是按先后顺序接线的，这样避免了主、辅电路线路混杂，另外主电路和辅助电路所用导线型号规格也不相同。

分析辅助电路的线路走向是从辅助电路电源引入端开始，依次研究每条支路的线路走向。如图 2-5 所示，辅助电路电源是从熔断器 FU1 的下端接线柱上 U2、V2 引出的。辅助电路线路走向是：U2→熔断器 FU2→线圈 KM→按钮开关 SB→熔断器 FU2（另一个熔断器）→V2。

四、电气图识图实训项目

（1）识读图 2-6 接触器控制电动机连续运行电路的电气原理图和电气接线图。

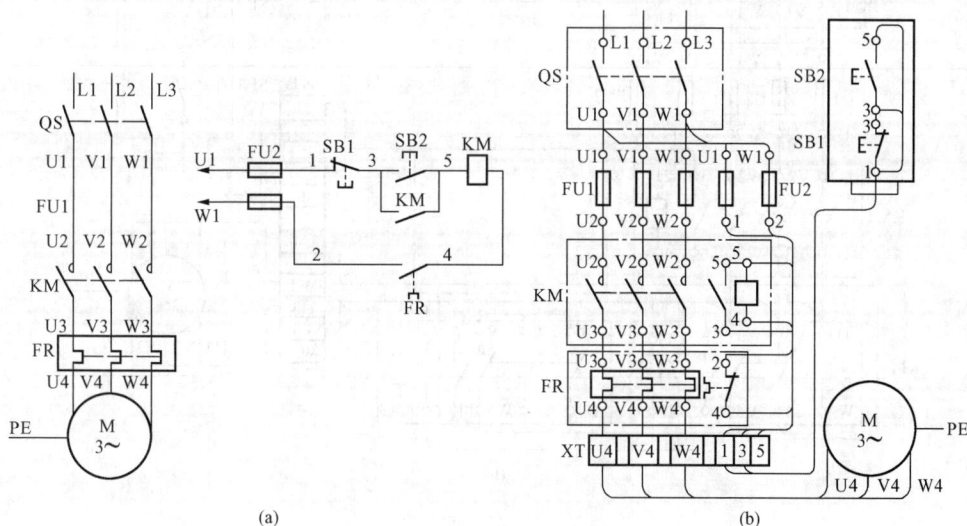

图 2-6 接触器控制电动机连续运行电路
(a) 电气原理图；(b) 电气接线图

（2）识读图 2-7 按钮连锁Y-△降压启动控制电路的电气原理图和电气接线图。

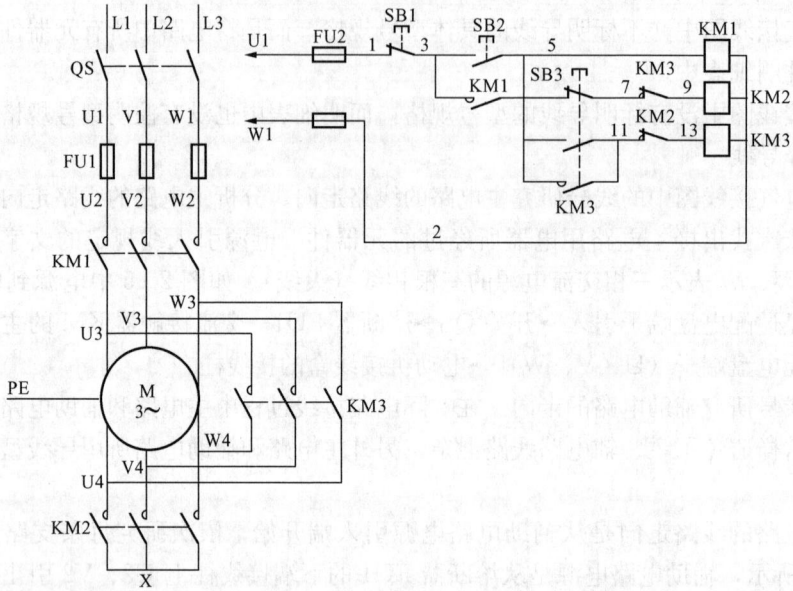

(a)

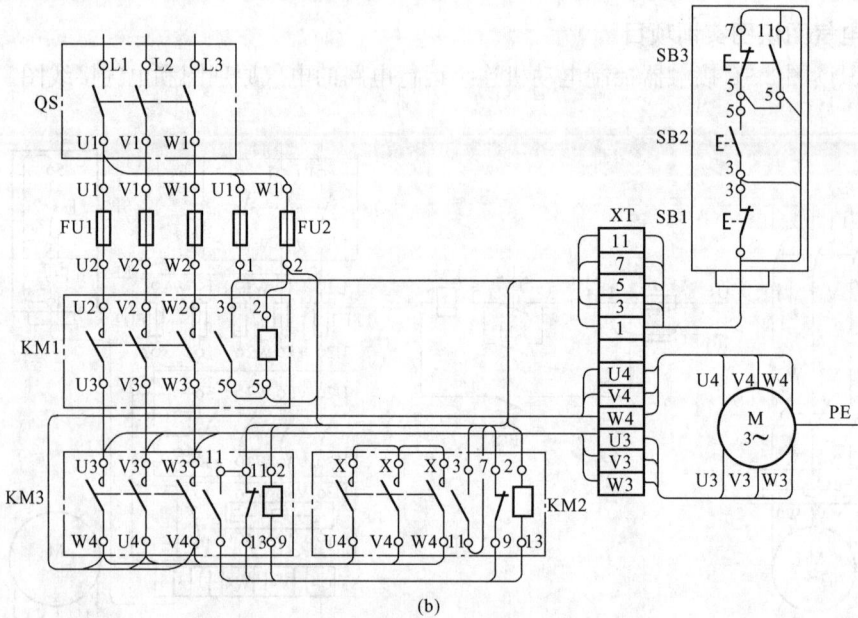

(b)

图 2-7　按钮连锁 Y-△降压启动控制电路

(a) 电气原理图；(b) 电气接线图

五、考核评分

识图考核评分见表 2-1、表 2-2。

表 2 - 1　　　　　　　　　　　　**识读电气原理图考核评分表**

班级：　　　姓名：　　　考核项目：识读电气原理图

序号	项 目	内 容	评 分 标 准	分值	得分
1	主电路	用电器		5	
		主电路中控制元件		10	
		其他元件		10	
		电源类型		5	
2	辅助电路	辅助电路电源		5	
		辅助电路中的控制元件及作用		25	
		控制元件之间的制约关系		30	
3	时间 30min		每超过 5min 扣 5 分，不满 5min 算 5min	10	
4	总分			100	

表 2 - 2　　　　　　　　　　　　**识读电气接线图考核评分表**

班级：　　　姓名：　　　考核项目：识读电气接线图

序号	项 目	内 容	评 分 标 准	分值	得分
1	主电路	用电器		5	
		主电路中控制元件		10	
		其他元件		10	
		电源类型		5	
2	辅助电路	辅助电路电源		5	
		辅助电路中的控制元件及作用		25	
		控制元件之间的制约关系		30	
	导 线	导线数量			
		导线规格			
	主电路的走向				
	辅助电路的走向				
3	时间 60min		每超过 10min 扣 5 分，不满 10min 算 5min	10	
4	总 分			100	

第二节　导线连接基本技能训练

一、导线及导线连接的基础知识

1. 常用绝缘导线的结构和应用范围（见表 2 - 3）

表 2 - 3　　　　　　　　　**常用绝缘导线的结构和应用范围**

结 构	型 号	名 称	用 途
单根线芯　塑料绝缘　7根绞合线芯　19根绞合线芯	BV—70 BLV—70	聚氯乙烯绝缘铜芯线 聚氯乙烯绝缘铝芯线	用来作为交直流额定电压为 500V 及以下的户内照明和动力线路的敷设导线，以及户外沿墙支架线路的架设导线

结　构	型　号	名　称	用　途
	BX BLX	铜芯橡皮线 铝芯橡皮线 （俗称皮线）	用来作为交直流额定电压为500V及以下的户内照明和动力线路的敷设导线，以及户外沿墙支架线路的架设导线
	LJ LGJ	裸铝绞线 钢芯铝绞线	用来作为户外高低压架空线路的架设导线，其中LGJ应用于气象条件恶劣，或电杆档距大，或跨越重要区域，或电压较高等线路场合
	BVR BLVR	聚氯乙烯绝缘铜芯软线 聚氯乙烯绝缘铝芯软线	适用于不作频繁活动的场合的电源连接线；但不能作为不固定的或处于活动场合的敷设导线
	RVB—70 （或RFB） RVS—70 （或RFS）	聚氯乙烯绝缘双根平行软线（丁腈聚氯乙烯复合缘） 聚氯乙烯绝缘双根绞合软线（丁腈聚氯乙烯复合绝缘）	用来作为交直流额定电压为250V及以下的移动电具、吊灯的电源连接导线
	BXS	棉纱编织橡皮绝缘双根绞合软线（俗称花线）	用来作为交直流额定电压为250V及以下的电热移动电具（如小型电炉、电烫斗和电烙铁）的电源连接导线
	BVV—70 BLVV—70	聚氯乙烯绝缘和护套2根或3根铜芯护套线聚氯乙烯绝缘和护套2根或3根铝芯护套线	用来作为交直流额定电压为500V及以下的户内外照明和小容量动力线路的敷设导线
	RHF RH	氯丁橡套软线 橡套软线	用于移动电器的电源连接导线，或用于插座板电源连接导线，或短期临时送电的电源馈线

2. 常用绝缘导线的规格和安全载流量

（1）塑料绝缘线安全载流量见表2-4。

（2）橡皮绝缘线的安全载流量见表2-5。

（3）护套线和软导线安全载流量见表2-6。

3. 架空用铝绞线的型号和安全载流量（见表 2-7）

表 2-4　　　　　　　　　　　塑料绝缘线安全载流量（A）

导线截面积（mm²）	固定敷设用的线芯		明线安装		穿钢管安装						穿硬塑料管安装					
	线芯股数/单股直径（mm）	近似英规股数/线号			一管二根线		一管三根线		一管四根线		一管二根线		一管三根线		一管四根线	
			铜	铝	铜	铝	铜	铝	铜	铝	铜	铝	铜	铝	铜	铝
1.0	1/1.13	1/18#	17		12		11		10		10		10		9	
1.5	1/1.37	1/17#	21	16	17	13	15	11	14	10	14	11	13	10	11	9
2.5	1/1.76	1/15#	28	22	23	17	21	16	19	13	21	16	18	14	17	12
4	1/2.24	1/13#	35	28	30	23	27	21	24	19	27	21	24	19	22	17
6	1/2.73	1/11#	48	37	41	30	36	28	32	24	36	27	31	23	28	22
10	7/1.33	7/17#	65	51	56	42	49	38	43	33	49	36	42	33	38	29
16	7/1.70	7/16#	91	69	71	55	64	49	56	43	62	48	56	42	49	38
25	7/2.12	7/14#	120	91	93	70	82	61	74	57	82	63	74	56	65	50
35	7/2.50	7/12#	147	113	115	87	100	78	91	70	104	78	91	69	81	61
50	19/1.83	19/15#	187	143	143	108	127	96	113	87	130	99	114	88	102	78
70	19/2.14	19/14#	230	178	177	135	159	124	143	110	160	126	145	113	128	100
95	19/2.50	19/12#	282	216	216	16	195	148	173	132	199	151	178	137	160	121

表 2-5　　　　　　　　　　　橡皮绝缘线安全载流量（A）

导线截面积（mm²）	固定敷设用的线芯		明线安装		穿钢管安装						穿硬塑料管安装					
	线芯股数/单股直径（mm）	近似英规股数/线号			一管二根线		一管三根线		一管四根线		一管二根线		一管三根线		一管四根线	
			铜	铝	铜	铝	铜	铝	铜	铝	铜	铝	铜	铝	铜	铝
1.0	1/1.13	1/18#	18		13		12		10		11		10		10	
1.5	1/1.37	1/17#	23	16	17	13	16	12	15	10	15	12	14	11	12	10
2.5	1/1.76	1/15#	30	24	24	19	22	17	20	14	22	17	19	15	17	13
4	1/2.24	1/13#	39	30	32	24	29	22	26	20	29	22	26	20	23	17
6	1/2.73	1/11#	50	39	43	32	37	30	34	26	37	29	33	25	30	23
10	7/1.33	7/17#	74	57	59	45	52	40	46	34.5	51	38	45	35	40	30
16	7/1.70	7/16#	95	74	75	57	67	51	60	45	66	50	59	45	52	40
25	7/2.12	7/14#	126	96	98	75	87	66	78	59	87	67	78	59	69	52
35	7/2.50	7/12#	156	120	121	92	106	82	95	72	109	83	96	73	85	64
50	19/1.83	19/15#	200	152	151	115	134	102	119	91	139	104	121	94	107	82
70	19/2.14	19/14#	247	191	186	143	167	130	150	115	169	133	152	177	135	104
95	19/2.50	19/12#	300	230	225	174	203	106	182	139	208	160	186	143	169	130
120	37/2.00	37/14#	346	268	260	200	233	182	212	165	242	182	217	165	197	147
150	37/2.24	37/13#	407	312	294	226	268	208	243	191	277	217	252	197	230	178

续表

导线截面积（mm²）	固定敷设用的线芯		明线安装		穿钢管安装						穿硬塑料管安装					
	线芯股数/单股直径（mm）	近似英规股数/线号			一管二根线		一管三根线		一管四根线		一管二根线		一管三根线		一管四根线	
			铜	铝	铜	铝	铜	铝	铜	铝	铜	铝	铜	铝	铜	铝
185	37/2.50	37/12#	468	365												
240	61/2.24	61/13#	570	442												
300	61/2.50	61/12#	668	520												
400	61/2.85	61/11#	815	632												
500	91/2.62	91/12#	950	738												

表 2-6　　　　　　　　护套线和软导线安全载流量（A）

导线截面积（mm²）	护 套 线								软 导 线		
	两根线芯				三根或四根线芯				单根芯线		双根芯线
	塑料绝缘		橡皮绝缘		塑料绝缘		橡皮绝缘		塑料绝缘	塑料绝缘	橡皮绝缘
	铜	铝	铜	铝	铜	铝	铜	铝	铜	铜	铜
0.5	7		7		4		4		8	7	7
0.75									13	10.5	9.5
0.8	11		10		9		9		14	11	10
1.0	13		11		9.6		10		17	13	11
1.5	17	13	14	12	10	8	10	8	21	17	14
2.0	19		17		13		12	12	25	18	17
2.5	23	17	18	14	17	14	16	16	29	21	18
4.0	30	23	28	21.8	23	19	21				
6.0	37	29			28	22					

表 2-7　　　　　　　架空线路用裸铝导线安全载流量（A）

安全载流量			
铝 绞 线		钢 芯 铝 绞 线	
导线型号	安全载流量（A）	导线型号	安全载流量（A）
LJ—16	93	LGJ—16	97
LJ—25	120	LGJ—25	124
LJ—35	150	LGJ—35	150
LJ—50	190	LGJ—50	195
LJ—70	234	LGJ—70	242
LJ—95	290	LGJ—95	295
LJ—120	330	LGJ—120	335
LJ—150	338	LGJ—150	393
LJ—185	440	LGJ—185	450
		LGJ—240	540

4. 导线的选择

屋内配线的导线截面，应根据导线的允许载流量、线路的允许电压损失、导线的机械强度等条件选择。一般先按允许载流量选定导线截面，再以其他条件进行校验。

（1）导线材料的选择。

导线的作用是传送电能，但因受风、雪、冰、雨及空气温度等的作用，以及周围所含化学杂质的侵蚀，故导线应具备导电性能好、机械强度高、重量轻、耐腐蚀及价格低等主要性能。

低压线路一般适用的导线及电缆为铝芯线及铜芯线。在高压输电线上，一般选择钢芯铝绞线。

（2）导线绝缘与护套选择。

1）塑料绝缘导线。绝缘性能良好，制造工艺简便，价格较低。缺点是气候适应性能较差，低温时变硬发脆，高温或日光照射下增塑剂容易挥发而使绝缘老化加快，因此，塑料绝缘导线不宜在重要场所和室外敷设。

2）橡皮绝缘导线。其抗张强度抗撕性和回弹性较好，但耐热老化性能和大气老化性能较差，不耐臭氧，不耐油和有机溶剂，易燃。

3）氯丁橡皮绝缘导线。特点是耐油性能好，不易霉，不易燃，适应气候性能好，光老化过程缓慢，老化时间约为普通橡皮绝缘电缆电线的2倍，因此适应在室外敷设。绝缘层机械强度比普通橡皮绝缘稍弱。

4）聚氯乙烯绝缘及护套电力电缆。制造工艺简便，没有敷设高差限制，可以在很大范围内代替油浸纸绝缘电缆。

5）橡皮绝缘电力电缆。弯曲性能较好，能够在严寒气候下敷设，特别适用于水平高差大和垂直敷设的场合。它不适用于固定敷设的线路，也可用于临时敷设线路。

（3）导线截面选择。

1）按允许载流量选择。导线的允许载流量也叫导线的安全载流量或导线的电流值。一般导线的最高允许工作温度为65℃，若超过这个温度时，导线的绝缘层就会加速老化，甚至变质损坏和引起火灾。导线的允许载流量就是导线的工作温度不超过65℃时可长期通过的最大电流值。由于导线的工作温度除与导线通过电流有关外，还与导线的散热条件和环境温度有关，所以导线的允许载流量并非某一固定值。同一导线采用不同的敷设方式或处于不同的环境温度时，其允许载流量也不相同。环境温度越高，允许的载流量越小。

2）按机械强度选择。导线在安装和运行过程中，要受到各种外力的作用，加上导线本身有自重，这样，导线就受到多种张力的作用。若选用的敷设方式和支持点的距离不同，导线受到的张力也不同。如果导线不能承受这些外力的作用，它就要断线。因此选择导线时，必须考虑导线的机械强度。有些小负荷的设备，虽然选择很小的截面就能满足允许电流和电压损失的要求，但还必须查看其是否满足导线机械强度所允许的最小截面，如果这项要求不能满足，就要按导线机械强度所允许的最小截面重新选择。表2-8列出了个机械强度允许的导线最小截面。

（4）按线路允许电压损失选择。

由于线路存在着阻抗，当负荷电流流过时要产生电压损失。在通过最大负荷时产生的电压损失（ΔU）与线路额定电压 U_N 的比值，称为电压损失率，即 $\Delta U\% = \Delta U/U_N\%$。

表 2-8　　　　　　　　　　　　机械强度允许的导线最小截面

序　号	用途及敷设方式	芯线最小截面（mm²）		
		铜芯软线	铜线	铝线
1	照明灯头线 （1）屋内 （2）屋外	 0.4 1.0	 1.0 1.0	 2.5 2.5
2	移动用电设备 （1）生活用 （2）生产用	 0.75 1.0		
3	架设在绝缘支持件上的绝缘导线其支持点间距 （1）2m 及以下，屋内 （2）2m 及以下，屋外 （3）6m 及以下 （4）15m 及以下 （5）25m 及以下		 1.0 1.5 2.5 4.0 6.0	 2.5 2.5 4.0 6.0 10
4	穿管敷设的绝缘导线	1.0	1.0	2.5
5	塑料护套线沿墙敷设		1.0	2.5
6	板孔穿线敷设的导线		1.5	2.5

电压损失率可以通过计算求得，也可以用查表方法简便求得。用查表法是根据线路电压、导线线型、截面和负荷功率因数得出每兆瓦公里的电压损失率，然后简单计算出所求兆瓦公里数的电压损失率。

线路允许电压损失率，按用户性质有不同规定：

1）高压动力系统为 5。

2）城镇低压电网为 4%～5%。

3）农村低压电网为 7%。

4）对视觉要求较高的照明线路，则为 2%～3%。

5. 导线连接的方法

（1）单股导线的绞接连接法。单股中小截面导线的连接方法如表 2-9 所列。

表 2-9　　　　　　　　　　　单股导线的绞接连接法

序　号	图　形	连　接　方　法
1		把两个相等长的芯线绞接（顺时针方向）（注意不同金属导线不能连接）

续表

序 号	图 形	连 接 方 法
2		相互绞绕 2～3 圈
3	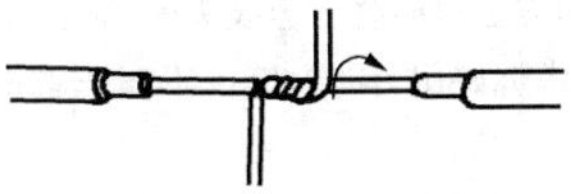	分别把绞绕的线头扳直，把其中一线头按绞绕方向在对应的一方芯线上紧密地缠绕 5～6 圈
4		另一线头按绞绕方向在对应的一方芯线上紧密地缠绕 5～6 圈（注意使用钢丝钳缠绕导线时要掌握好用力的力度，不要严重损伤导线或夹断导线）
5		用钢丝钳剪去余下的线头，并修平芯线的末端

（2）多股导线的直线绞接。多股导线中用得最多的是 7 芯线的导线，它的连接方法如表 2-10 所列。

表 2-10　　　　　　　　多股导线的直线绞接

序 号	图 形	连 接 方 法
1	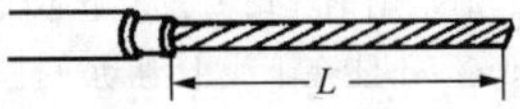	把线头的绝缘层剥去（注意不同金属导线不能连接）
2	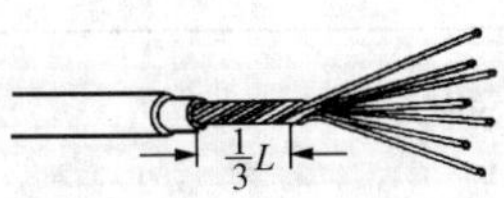	把线芯的 2/3 松开并扳直，把靠近绝缘层线芯的 1/3 绞紧，再把松开的芯线扳成伞骨状
3	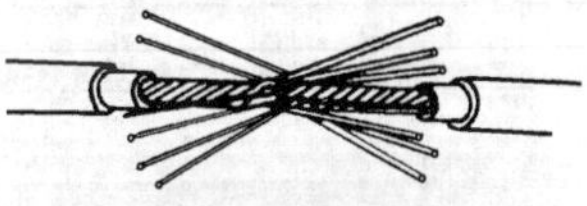	把两个伞骨形线芯一根隔一根地交叉插在一起
4		摆平互相交叉插入的线芯并夹紧
5	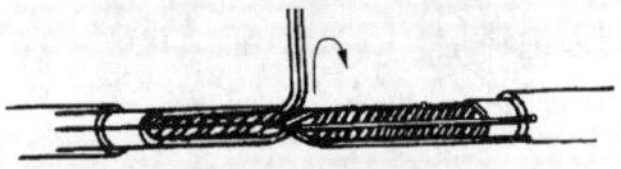	把左边线头任意二根相邻的线芯扳直，并按箭头方向（顺时针方向）缠绕
6		缠绕两圈后，把余下的线头向右折弯 90°紧靠并平行导线
7		在上两线头的左侧把任意两根相邻的线头扳直，按箭头方向紧紧地压住前两根折弯的线头进行缠绕
8	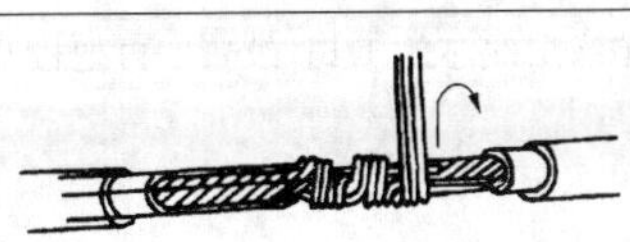	缠绕两圈后，把余下的线头向右折弯 90°（紧靠并平行导线），再把左边余下的三根线芯扳直，按同样的方法缠绕

序　号	图　　形	连　接　方　法
9		缠绕3圈后切除余下的线芯，并整平端头
10		用5～9的方法再缠绕右边线头的芯线（注意使用钢丝钳缠绕导线时要掌握好用力的力度，不要严重损伤导线或夹断导线）

（3）单股导线的T形连接法如表2-11所列。

表 2-11　　　　　　　　　　　　单股导线的 T 形连接法

序　号	图　　形	连　接　方　法
1		把分支线的芯线垂直放在干线上
2		将支线线头按顺时针方向紧密地缠绕在干线上
3		缠绕5～8圈后，用钢丝钳剪去余下芯线，并整平支线芯线的末端，要求支线不能在干线上滑动（注意不同金属导线不能连接）

（4）多股导线的T形分支绞接连接法如表2-12所列。

表 2-12　　　　　　　　　　　多股导线的 T 形分支绞接连接法

序　号	图　　形	连　接　方　法
1		将干线剥去绝缘层
2		将支线剥去绝缘层
3		将支线裸线部分的5/6L散开扳直
4		把靠近绝缘层线芯的1/6L绞紧，再把松开的芯线扳成伞骨状

序　号	图　　形	连　接　方　法
5		剪去中间的股线，把剩余股线分成相等的两部分并理顺，交叉插到干线的中点上
6		将插接的支线在右边干线上缠绕3~4圈
7		同样，将支线在左边干线上以相反方向缠绕3~4圈
8	10倍导线直径	将支线稍微拧紧（注意不同金属导线不能连接）

（5）单股导线与软线的连接、单股导线的终端头连接方法如表2-13所列。

表2-13　　　　　　　　　　　单股导线的T形连接法

序　号	图　　形	连　接　方　法
1		单股导线与软线的连接：先将软线线芯往单股导线上缠绕7~8圈，再把单股导线的线芯向后弯
2		单股导线的终端接头为两支导线时：将两线芯互绞5~6圈，然后再向后弯曲
3		单股导线的终端接头为3~4支导线时：用其中一支线芯往其余线芯上缠绕5~6圈，然后再把其余线头向后弯

6. 导线线头和接线桩的连接

（1）线头与螺钉平压式接线桩的连接。较小截面的单股芯线必须将线头按螺钉旋紧方向弯成接线圈，如图2-8所示，再用螺钉压接。对于截面不超过10mm² 的7股及以下导线，应按图2-9所示的步骤制作压接圈。对于载流量较大，截面超过10mm² 或股数多于7的导线端头，应安装用液压型成的接线端子。

螺钉平压式接线桩的连接工艺要求是：压接圈的弯曲方向应与螺

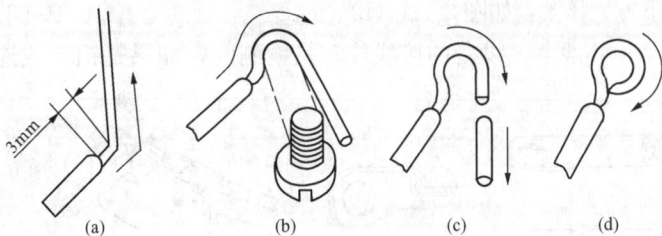

图2-8　单股芯线压接圈的弯法
(a) 离绝缘层根部3mm处向外折角；(b) 按略大于螺栓直径弯圆弧；
(c) 剪去芯线余端；(d) 修正圆圈至圆

钉拧紧方向一致，连接前应清除压接圈、接线桩和垫圈上的氧化层，再将压接圈压在垫圈下面，

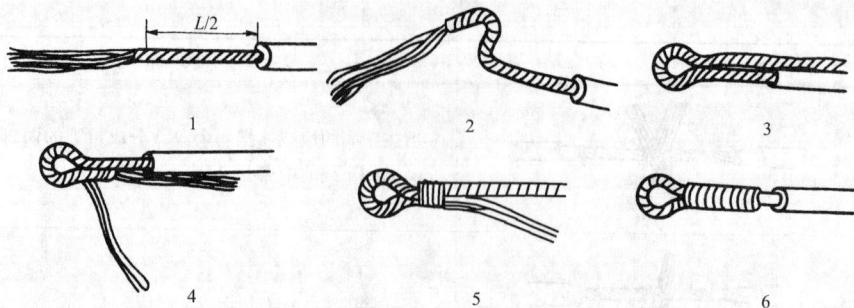

图 2-9　多股导线压接圈的弯法

用适当的力矩将螺丝拧紧，以保证良好的接触。压接时注意不得将导线绝缘层压入垫圈内。

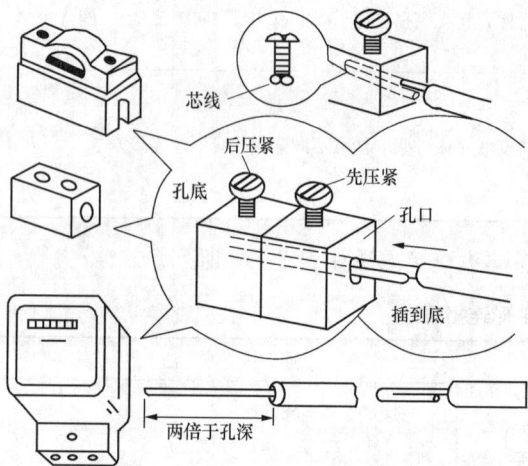

图 2-10　针孔式接线桩

桩的垫圈为瓦形。压接时为了不致使线头从瓦形接线桩内滑出，压接前应先将已去除氧化层和污物的线头弯曲成 U 形，如图 2-11（a）所示，再卡入瓦形接线桩压接。如果在接线桩上有两个线头连接，应将弯成 U 形的两个线头相重合，再卡入接线桩瓦形垫圈下方，压紧，如图 2-11（b）所示。

（2）线头与针孔式接线桩连接。如是单股芯线，且与接线桩头插线孔大小适宜，则把芯线线头插入针孔并旋紧螺钉即可。如单股芯线较细，则应把芯线线头折成双根，插入针孔再旋紧螺钉。连接多股芯线时，先用钢丝钳将多股芯线进一步绞紧，以保证压接螺钉顶压时不致连接松散。无论是单股还是多股芯线的线头，在插入针孔时应注意：一是注意插到底；二是不得使绝缘层进入针孔，针孔外的裸线头的长度不得超过 3mm；三是凡有两个压紧螺钉的，应先拧紧近孔口的一个，再拧紧近孔底的另一个，如图 2-10 所示。

（3）线头与瓦形接线桩的连接。瓦形接线

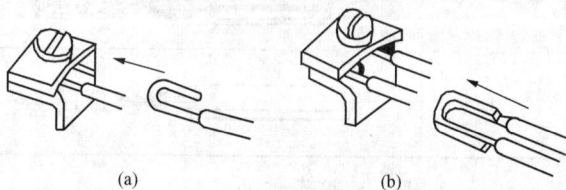

图 2-11　单股芯线与瓦形接线桩的连接
（a）1 个线头连接；（b）两个线头连接

一般电气设备的接线柱多是铜制的，如果是铝导线连接则铜和铝的连接处，当有潮气侵

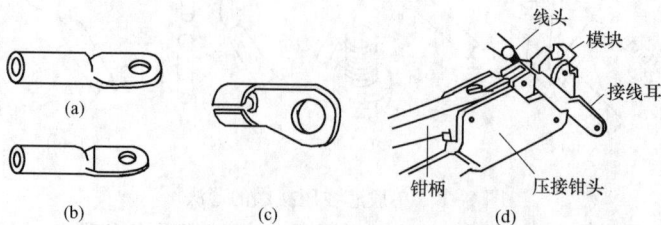

图 2-12　接线耳及导线与接线耳的连接
（a）大载流量接线耳；（b）铜铝过渡接线耳；
（c）小载流量接线耳；（d）导线与接线耳连接

入时，易产生电化腐蚀，会引起接头发热或烧断，为了防止这种故障的发生，常采用一种铜铝过渡接头（也称接线耳），如图 2-12（b）所示。将铝导线和接线耳铝端内孔清理干净，涂中性凡士林油或导电胶，再将铝导线插入接线耳铝端，用压接钳压接，如图 2-12（d）所示。接线耳的铜端再与设备的接线桩连接。

图 2-12（c）为铜接线耳，将多股芯镀锡后插入到接线耳的尾端，再用压接钳压接，另一端接设备。

二、工具及材料

（1）导线连接的工具：电工刀、钢丝钳、尖嘴钳等。

（2）导线连接的材料：BV2.5 单芯塑料导线若干、7 芯铝绞线若干、接线耳、扎线和电工绝缘胶带等。

三、导线连接的步骤

绝缘导线的连接步骤分为剖削绝缘、导线连接、导线的封端、绝缘的恢复四个步骤。

1. 绝缘导线线头绝缘层的剖削方法

导线线头绝缘层的剖削方法有直削法、斜削法和分段剖削法三种，如图 2-13 所示。

直剖削法、斜剖削法适用于单层绝缘线，如塑料绝缘线。分段剖削法适用于绝缘层较多导线，如橡皮线铅皮线等。剖削导线时必须注意不得损伤线芯。

（1）塑料线绝缘层的剖削。用剥线钳剥离塑料层固然方便，但电工必须学会用钢丝钳、电工刀来剥削绝缘层。用钢丝钳剥削的方法，适用于芯线截面为 4mm² 及以下的塑料线。

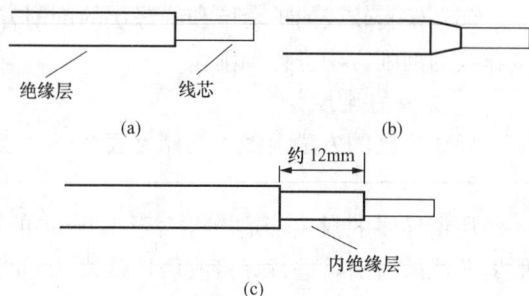

图 2-13 电线头的削皮
(a) 直削法；(b) 斜削法；(c) 分段削法

具体操作方法：根据线头所需长度，用钳头刀口轻切塑料层，不可切入芯线；然后右手握住钳子头部用力向外勒去塑料层；与此同时，左手把紧电线反向用力配合动作，在勒去绝缘层时，不可在钳口处加剪切力，这样会伤及线芯，甚至将导线剪断。

芯线截面大于 4mm² 的塑料线，可用电工刀来剖削绝缘层。具体操作方法是：根据所需的线端长度，用刀口以 45°倾斜角切入塑料绝缘层，不可切入芯线；接着刀面与芯线保持 15°角左右，用力向外削出一条缺口；然后将绝缘层剥离芯线，向后扳翻，用电工刀取齐切去，如图 2-14 所示。

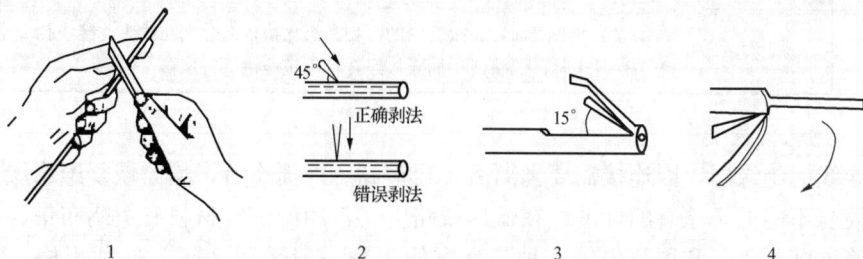

图 2-14 电工刀削导线塑料层

（2）塑料软线绝缘层的剖削。要用剥线钳或钢丝钳剥离，不可用电工刀剥离，因其容易切断芯线。

（3）塑料护套线的护套层和绝缘层的剖削。护套层用电工刀来剥离，方法是：按所需长

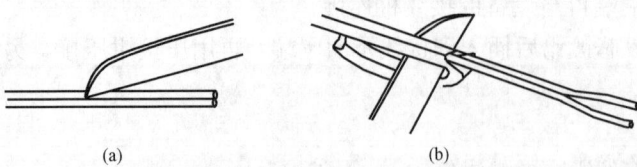

(a)　　　　　　　　(b)

图 2-15　护套层的削离方法

度用刀尖在线芯缝隙间划开护套层，接着扳翻，用刀口切齐，如图2-15所示。绝缘层的剖削方法如同塑料线，但绝缘层的切口与护套层的切口间，应留有 5～10mm 距离。

（4）橡皮线绝缘层的剖削。先把编织保护层用电工刀尖划开，与剥离护套层的方法类同，然后用剥削塑料线绝缘层相同的方法剥去橡胶层，最后松散棉纱层至根部，用电工刀切去。

（5）花线绝缘层的剖削。因棉纱织物保护层较软，可用电工刀四周割切一圈后拉去，然后按剖削橡皮线的方法进行剖削。

（6）橡套软线的护套层和绝缘层的剖削方法。护套层的剥离方法类同塑料护套层，然后按花线的剖削方法进行剖削。

2. 导线的连接

导线连接的方法很多，具体见表2-9、表2-10、表2-11、表2-12。

3. 导线的封端

所谓导线的封端，是指将大于 $10mm^2$ 的单股铜芯线、大于 $2.5mm^2$ 的多股铜芯线和单股铜芯线的线头，进行焊接或压接接线端子的接线过程。在电工工艺上，铜导线的封端与铝导线的封端是完全不同的，其方法如表2-14所示。

表 2-14　　　　　　　　　　　　　导 线 的 封 端

导线材质	选用方法	封 端 工 艺
铜	锡焊法	①除去线头表面，接线端子孔内的污物和氧化物；②分别在焊接面上涂上无酸焊剂，线头搪上锡；③将适量焊锡放入接线端子孔内，并用喷灯对其加热至熔化；④将搪锡线头接入端子孔内，至熔化的焊锡灌满线头与接线端子孔内壁所有间隙；⑤停止加热，使焊锡冷却，线头与接线端子牢固连接
铜	压接法	①除去线头表面，压接管内的污物和氧化物；②将 2 根线头相对插入，并穿出压接管（伸出 25～30mm）；③用压接钳进行压接
铝	压接法	①除去线头表面，压接管内的污物和氧化物；②分别在线头、接线孔 2 个接触面涂上中性凡士林；③将线头插入接线孔，用压接钳进行压接

4. 导线绝缘的恢复

绝缘导线的绝缘层，因连接需要剥离后，或遭到意外损伤后，均需恢复绝缘层；且经恢复的绝缘性能不能低于原有的标准。在低压线路上，常用的恢复材料有黄蜡布带、聚氯乙烯塑料带（简称塑料带）和黑胶带等多种，为方便包缠一般采用 20mm 这种规格。实际应用中均包两层绝缘带后再包一层黑胶带加以固封。

导线直线连接和导线分支接点的绝缘恢复步骤、方法如图2-16、图2-17所示，连接用电设备上的导线端头和接线耳或铜接头的导线端，应以橡胶布带或黄蜡布带先缠绕两层，然后再用黑胶布带缠绕两层。

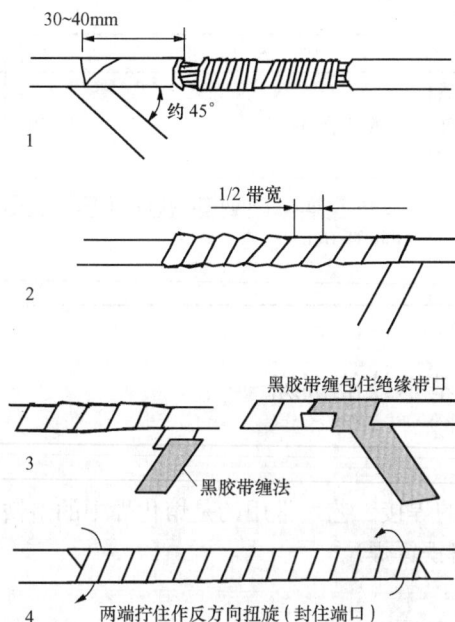

图 2-16　导线对接接点绝缘恢复方法

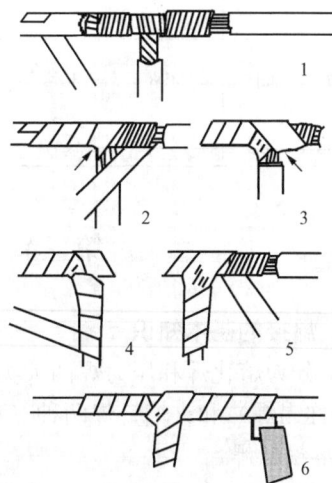

图 2-17　导线分支接点绝缘恢复方法

绝缘恢复包缠时应注意：

（1）绝缘带（黄蜡带或塑料带）应从左侧的完好绝缘层上开始包缠，应包入绝缘层 30～40mm，起包时带与导线之间应保持约 45°倾斜。

（2）进行每圈斜叠缠包，包一圈必须压叠住前一圈的 1/2 带宽。

四、导线连接实训项目

（1）导线的直线连接。

（2）导线的 T 形连接。

（3）导线与接线桩连接。

（4）导线绝缘层的恢复。

五、考核评分

绝缘导线连接操作考核评分标准见表 2-15。

表 2-15　　　　　　　　　**绝缘导线连接操作考核评分表**

班级：　　　　姓名：　　　　考核项目：绝缘导线连接操作

序号	项　　目	内　　　　容	评　分　标　准	分值	得分
1	导线直接连接	导线绝缘层剥切正确，未伤芯线 连接方法和步骤正确，其连接部分为直线	绝缘层剥切不正确，并有割伤扣 5 分 一项不符合要求扣 5 分	20	
2	导线 T 形连接	导线绝缘层剥切正确，未伤芯线 连接方法和步骤正确，其连接部分为 T 形	绝缘层剥切不正确，并有割伤扣 5 分 一项不符合要求扣 5 分	20	
3	导线与接线桩连接	导线圆圈操作 10 个均符合要求 多股导线压接圈的弯法 导线线头与接线耳的连接	1 个导线圆圈不符合要求扣 1 分 多股导线压接圈操作步骤错误扣 5 分，弯法不符合要求扣 5 分 导线与接线耳的压接不合格扣 5 分	30	

续表

序号	项 目	内 容	评 分 标 准	分值	得分
4	包缠绝缘布带	正反向各缠一层橡胶带或黄蜡布带，然后缠2层黑胶布带，要求不紧不松，厚度和原绝缘一样	一项不合格扣5分	20	
5	时 间	180min	2.5h 每超过15min扣5分，不满15min算15min	10	
6	总 分			100	

第三节 导线焊接基本技能训练

一、焊接的基本知识

焊接分为熔化焊和压力焊两大类。电工操作的焊接工艺，常用的是熔化焊中的烙铁钎焊（钎焊俗称锡焊）和火焰钎焊两种（本节仅介绍烙铁钎焊）。

1. 烙铁钎焊

电烙铁是目前使用最多、最频繁的钎焊工具。按功率大小来分，电烙铁的常用规格有25、50、75、100W和300W等多种，其外形和结构如图2-18、图2-19。使用时应根据焊接元件和工艺要求的不同，选择不同功率的电烙铁。25W和50W电烙铁一般用于焊接弱电元件，有内热式和外热式。50W以上的电烙铁，一般焊接强电元件，均为外热式。粗导线间的焊接一般用50W以上的电烙铁。

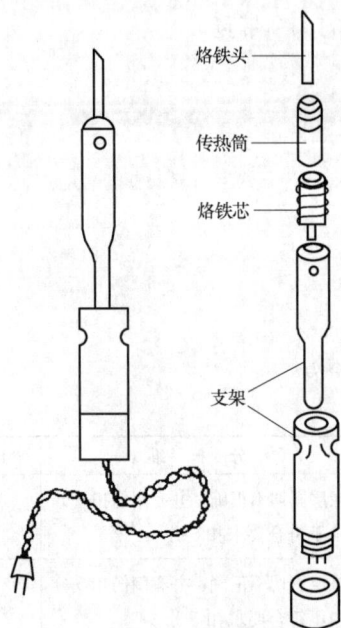

图2-18 外热式电烙铁　　　　图2-19 内热式电烙铁

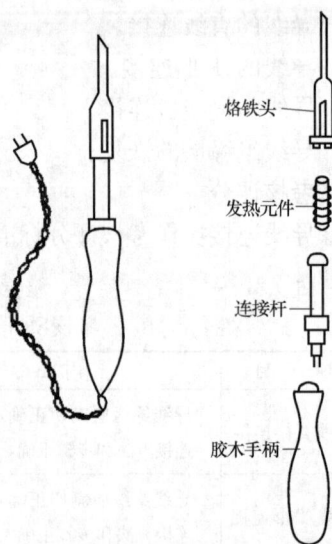

用电烙铁焊接导线时，必须使用焊料和焊剂。焊料一般为焊锡或纯锡，有锭状和丝状两种，其中丝状焊料中配有松香。焊剂有松香、松香酒精溶液、焊膏和盐酸等。松香用于电子

元器件和小截面线头的焊接，焊前一般要把焊头的氧化层去掉，用焊剂进行上锡处理。松香酒精溶液用于小截面线头和强电中小容量元件的焊接，焊膏用于大截面线头和大截面导体表面或连接处的焊接，盐酸用于钢件的焊接或连接处的焊接。各种焊剂都有腐蚀性，焊接后应清除残留的焊剂。

2. 烙铁钎焊的基本要求

焊点要求是必须把焊点焊透焊牢，以减小连接点的接触电阻，锡液必须充分渗透，焊点表面应光滑并有光泽，不可有虚假焊点或夹生焊点。所谓"虚假焊点"，是因为焊件表面未清除干净或焊剂太少，使焊锡不能充分流动，造成焊件表面挂锡太少，焊件之间未被充分固定。所谓"夹生焊点"，是因为烙铁温度低或烙铁停留时间短，使焊锡未充分熔化，造成焊件表面锡粒粗糙，焊点强度降低。

3. 焊接姿势

电烙铁的握法没有统一规定，应以不易疲劳、操作方便为原则，一般有笔握法和拳握法两种，如图 2-20 所示。

(1) 笔握法：一般用于烙铁头为直形的、小型内热式的电烙铁，适用于小型电子设备和印制电路板的焊接。

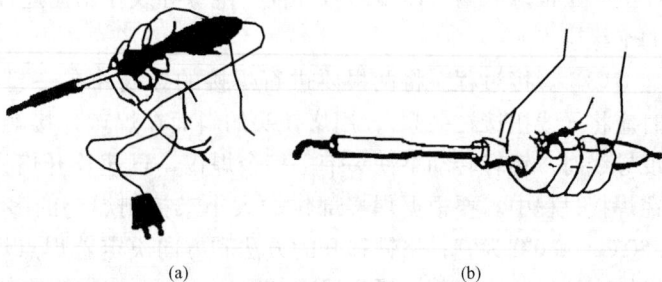

图 2-20 电烙铁的握法
(a) 笔握法；(b) 拳握法

(2) 拳握法：一般用于烙铁头采用弯形的、大型较重外热式烙铁，适合大型电子设备的焊接，如电子管收音机、扩音机。

操作时，一般采用坐着焊接，要把桌椅的高度调整适当，挺胸端坐，操作者的鼻尖与烙铁头的距离至少应在 20cm 以上。长期站着低头焊接会对身体造成损害，应注意纠正。

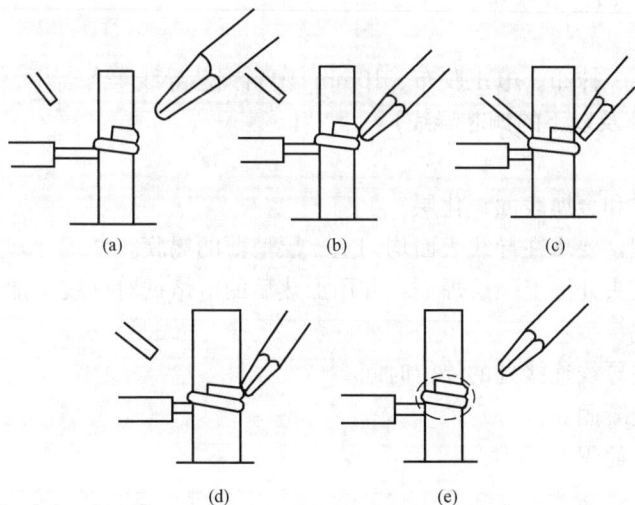

图 2-21 五步操作法
(a) 焊前准备；(b) 加热被焊件；(c) 熔化焊件；
(d) 移开焊丝；(e) 移开电烙铁

4. 烙铁钎焊的基本方法（焊接五步操作法）

(1) 准备。将被焊件、电烙铁、焊锡丝、烙铁架、焊剂等放在工作台上便于操作的地方。加热并清洁烙铁头工作面，搪上少量焊锡，如图 2-21 (a) 所示。

(2) 加热被焊件。将烙铁头放置在焊接点上，对焊点升温；烙铁头工作面搪有焊锡，可加快升温速度，如图 2-21 (b) 所示。如果一个焊点上有两个以上元件，应尽量同时加热所有被焊件的焊接部位。

(3) 熔化焊料。焊点加热到工作温度时，立即将焊锡丝触到被焊件的焊接面上，如图 2-21 (c) 所示。焊锡丝应对着烙铁头的方向加入，但不能触到烙铁头上。

（4）移开焊锡丝。当焊锡丝熔化适量后，应迅速移开，如图 2-21（d）所示。

（5）移开电烙铁。在焊点已经形成，但焊剂尚未挥发完之前，迅速将电烙铁移开，如图 2-21（e）所示。

5. 导线焊接的主要工艺

（1）导线表面氧化层的去除。导线表面的氧化层和杂质，会降低导线与焊锡的黏合度，产生虚焊，因此在焊接前可用砂纸、小刀等工具，向着线头方向磨刮，以去除引线上的氧化层、油污或绝缘漆，直接露出原金属的本色为止。

（2）导线搪锡。将清理后的导线及时涂上少量的助焊剂，然后用发热的电烙铁在导线上镀上一层很薄的锡层以提高可焊性。绝缘导线在搪锡过程中，时间不能过长，以免破坏导线的绝缘层。

（3）焊接过程。将两根要进行焊接的导线并在一起，保证有 30mm 以上的重叠（必要时应将导线扭接在一起），用烙铁头的斜面在焊点外接触焊锡丝，当看到焊锡已全部熔化浸没导线时，轻轻转动烙铁头带去多余焊锡，迅速移开烙铁，便形成一个光亮、平滑的焊点。在焊接过程中，要根据焊接部位的大小来控制焊锡的多少；焊接导线接头时的工作温度以 360℃~480℃为宜；烙铁移开的方法和方向决定着焊点焊接的好坏，也决定着焊点的外观；铬铁离开后，应使其慢慢自然冷却凝固，不要向焊锡吹气散热；焊锡未冷却凝固时，不要摇动导线，否则焊锡会凝成砂粒状，或附着不牢固，形成虚焊。

（4）焊接后的清理。焊好的焊点，以检查质量合格后，应用工业酒精把焊剂清洗干净，尤其是使用焊锡膏、焊药水这类酸性焊剂焊接时，它们具有一定的腐蚀性，会破坏电路的绝缘性能，所以清理工作是必须的。

二、工具及材料

1. 工具

常用电工工具 1 套、50W 电烙铁 1 把、烙铁架 1 个、插线板 1 个。

2. 材料

焊锡丝、焊锡膏、工业酒精、砂纸、抹布、电工胶布、10mm² 塑料铜芯导线等各若干。

三、导线焊接的操作步骤（10mm² 及以下的铜芯导线）

（1）将电烙铁插入电源进行加热。

（2）用砂纸或刀片清除导线绝缘层和金属表面氧化层。

（3）用电烙铁对导线进行上锡处理，要求在导线表面均匀上一层薄薄的锡膜。

（4）将导线的线头相接，在导线接头处涂上一层焊剂，并用加热后的电烙铁对准线头加热导线，同时将焊锡丝在烙铁头上熔化。

（5）根据焊件的大小，确定焊头在导线连接处的停留时间。

（6）提起电烙铁，让焊锡在接头处凝固。

（7）用酒精、抹布清除钎焊上多余的焊剂。

（8）用绝缘胶布进行绝缘层恢复。

四、烙铁钎焊时要注意的几个问题

（1）烙铁的金属外壳要可靠接地。电烙铁的焊头存在感应电动势，如果电源电压采用 220V，电烙铁的焊头的感应电动势对地的电位往往达 70V 左右，电烙铁若存在漏电，则焊头的对地电位还会更高。

现在提倡采用电源电压为 36V 的电烙铁，但金属外壳仍须进行接地，以防电烙铁漏电。

（2）当焊头因氧化而不吃锡时，不可硬烧，以免加速氧化，或使导线过热而损坏绝缘。应用锉刀锉去氧化层，沾上焊剂后重新镀上锡使用，不可用烧死的焊头焊接，以免烧毁焊件。

（3）使用后的电烙铁应放在由金属制成的支架上，防止烫伤或火灾的发生。

（4）电烙铁上锡量较大时，不可甩锡，以免锡珠溅出灼伤人体。

五、考核评分

导线焊接操作考核评分见表 2-16。

表 2-16　　　　　　　　导线焊接操作考核评分表

班级：　　姓名：　　考核项目：导线焊接操作

序号	内　容	评　分　标　准	配分	得分
1	导线的截取、整形与处理	截取、整形、处理、上锡，少一步扣 5 分	10	
2	电工工具的使用	剥线钳、电烙铁、尖嘴钳、镊子等工具，有一处错扣 5 分	20	
3	焊点数量	100 个焊点，每少 5 个扣 5 分	20	
4	焊点质量	焊点不牢或产生虚焊或焊点大小不均匀，每 5 点扣 5 分	40	
5	场地清理	工具整理、清理材料，打扫卫生，少 1 处扣 5 分	10	
6	时间 100min	每超过 5min 扣 5 分		
7	总　分		100	

第四节　登杆操作实训

一、基础知识

1. 登杆工具

登杆工具可分为脚扣和脚踏板（又称三角板）两种。常用的脚扣又分为用于登水泥杆带防滑胶套不可调铁脚扣及带胶皮的可调式铁脚扣。脚踏板的使用，一般不受杆质和杆径的限制。

（1）脚扣。常用可调式铁脚扣，主要用来攀登拔梢水泥杆，也可用于攀登等径杆，脚扣的外形如图 2-22 所示（施加 1176N 静压力即可）。

（2）脚踏板（又称三角板）。脚踏板是选用质地坚韧的木材，如水曲柳、柞木等，制成 30～50mm

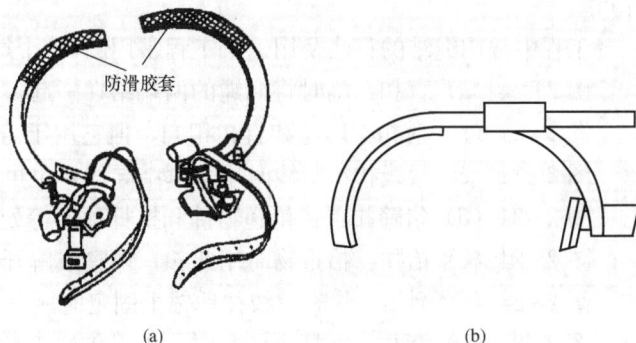

图 2-22　脚扣
(a) 水泥杆脚扣；(b) 可调式脚扣

厚长方形体的踏板，再用白棕绳（或锦纶绳）将绳的两端系结在踏板两头的扎结槽内，在绳的中间穿上一个铁制挂钩而成。

绳长应保持操作者一人加手长，踏板和白棕绳应能承受 300kg 质量（施加 2205N 静压力即可），脚踏板的尺寸及使用方法如图 2-23 所示。

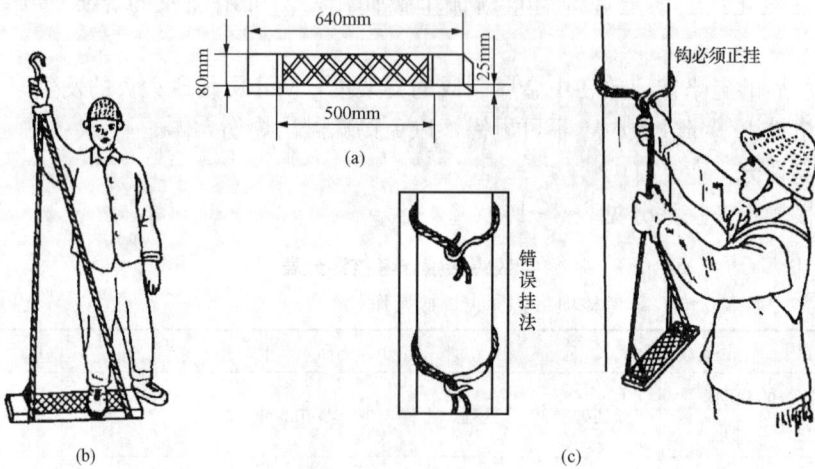

图 2-23　脚扣板
（a）踏板尺寸；（b）踏板绳长度；（c）挂钩方法

2. 登杆作业安全用具

（1）安全带的使用方法。安全带是安装、检修架空线路高空作业必不可少的工具，主要用途是防止工作人员发生高空摔跌。登杆前，将安全带系在杆塔的牢固部位上，将腰带挂钩上保险环打开，与安全带另一头的挂环扣好，把保险环放在防止挂钩脱钩的位置（施加 2205N 静压力即可）。安全带系带的长短，视工作的方式而调整。每次解、挂安全带时，必须检查安全带环扣是否扣牢。工作位置转移时，不得失去安全带的保护。

（2）安全帽。安全帽是用来防护高空落物，减轻对头部冲击伤害的一种防护用具，因此它须具有良好的冲击吸收性能、耐穿透性能、耐低温性能、电绝缘性能和侧向刚性。

（3）传递绳。《安全操作规程》规定高空作业时，上、下传递工具、材料必须使用传递绳，严禁抛扔。常用传递绳是用柔性绳索，如麻绳、棕绳、锦纶绳等（施加 4900N 静压力即可）。

工程中常用绳结的打法及用途。工程常用的 10 个绳扣，如图 2-24 所示。

图 2-24（a）直扣：临时将麻绳的两端结在一起。能自紧，容易解开。

图 2-24（b）活扣：用途和直扣相同，但它用于需要迅速解开的情况下。

图 2-24（c）紧线扣：紧线时用来绑结导线，也可用于拴腰绳系扣。

图 2-24（d）猪蹄扣：在传递物件和抱杆顶部等处绑绳时用。

图 2-24（e）抬扣：抬重物时用此扣，调整或解开都比较方便。

图 2-24（f）倒扣：临时拉线往地锚上固定时用。

图 2-24（g）背扣：在杆上作业时，上下传递工具、材料等用此扣。

图 2-24（h）倒背扣：垂直起吊轻而细长的物件时用此扣。

图 2-24（i）拴马扣：绑扎临时拉绳时用。

图 2-24（j）瓶扣：吊物体时用此扣，物体吊起时可以不摆动，而且扣结较结实可靠。

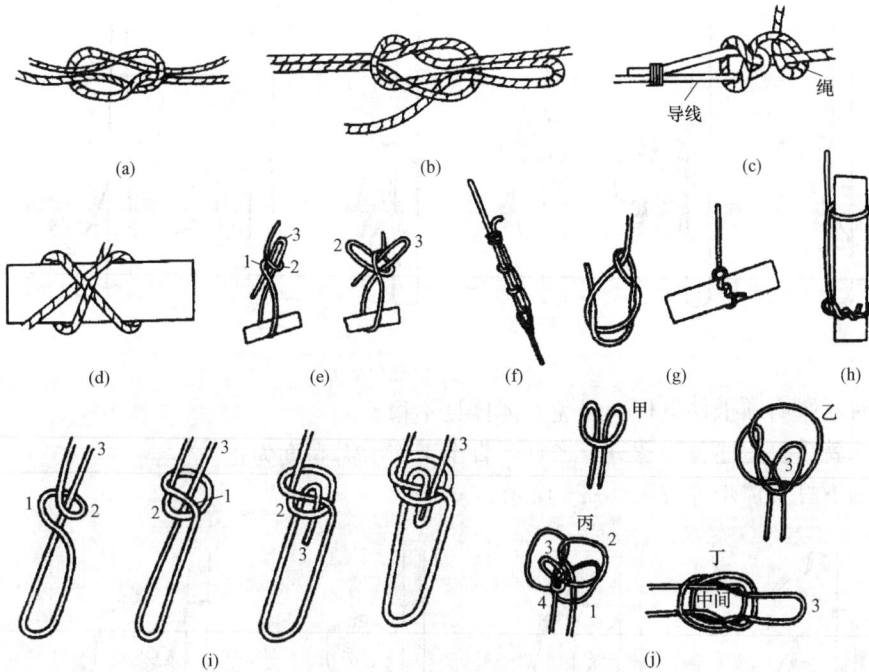

图 2-24　工程常用绳扣

(a) 直扣；(b) 活扣；(c) 紧线扣；(d) 猪蹄扣；(e) 抬扣；(f) 倒扣；(g) 背扣；(h) 倒背扣；(i) 拴马扣；(j) 瓶扣

吊瓷套管等物体多用此扣。

二、登杆操作步骤

1. 脚踏板登杆

(1) 系好安全带。

(2) 先把一块踏板钩挂在电杆上（高度以操作者能跨上为准），把另一块踏板背挂在肩上，接着右手紧握住双根棕绳，并需使大姆指顶住挂钩，左手握住左边（贴近木板）棕绳，然后把右脚跨上踏板。

(3) 当高空作业人员登上第一块踏板时，作业人员要在踏板上用力冲击（做人力冲击试验），再进行外观检查，再登上第二块踏板做同样的人力冲击试验。

(4) 两手和两脚同时用力，使人体上升，待人体重心转到右脚，左手即应松去，并趁势立即向上扶住电杆，左脚抵住电杆。

(5) 当人体上升到一定高度时，应立即松去右手，向上扶住电杆，且趁势使人体直立，接着把刚提上的左脚去围绕做边棕绳。

(6) 左脚如图 2-25 所示绕过左边棕绳后踏入三角档内，待人体站稳后，才可在电杆上钩挂另一块踏板（注意：此时人体的平稳是依靠左脚围绕住左边棕绳来维持的）。

(7) 右手紧握上一块踏板的两根棕绳，并使大拇指顶住挂钩，左手握住左边（贴近木板）棕绳，然后把左脚从棕绳外退出，改成正踏在三角档内，接着才可使右脚跨上另一块踏板（如同步骤 2 所述方法，但必须注意，此时人体已离踏板，这个步骤人体的受力依靠右手紧握住两根棕绳来获得，人体的平衡依靠左手紧握左边棕绳来维持）。

(8) 按步骤 3 所述方法进行攀登，但当人体离开下面一块踏板时，则需把下面一块踏板

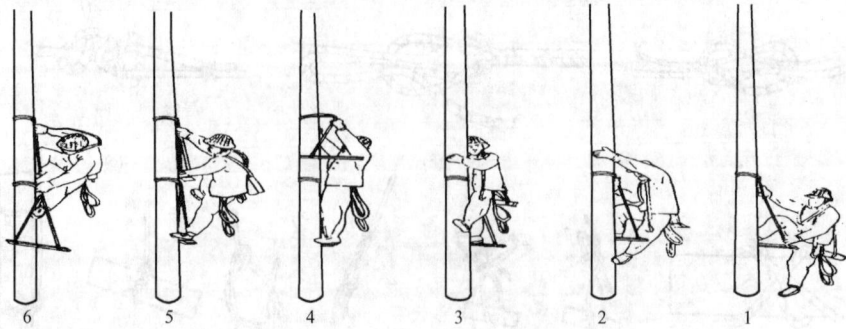

图2-25　踏板登杆方法

解下，此时左脚必须抵住电杆，以免人体摇晃不稳。

以后，就重复上述各步骤进行攀登，直至工作所需高度为止。

踏板的下杆具体步骤按图2-26所示。

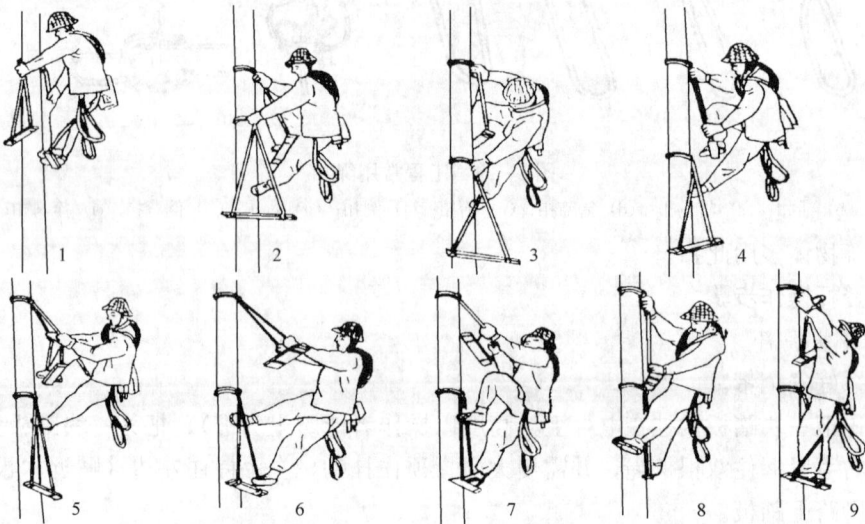

图2-26　踏板下杆方法

（1）人体站稳在现用的一块踏板上，把另一块踏板钩挂在现用踏板下方，别挂得太低。

（2）右手紧握现用踏板钩挂处的两根绳索，并用大姆指抵住挂钩，以防人体下降时踏板随之下降，左脚下伸，并抵住下方电杆。同时，左手握住下一块踏板的挂钩处（不要使已勾好绳索滑脱，也不要抽紧绳索，以免踏板下降时发生困难），人体随左脚的下伸而下降，并使左手配合人体下降而把另一块踏板放下到适当位置。

（3）当人体下降到如图示步骤3的位置时，使左脚插入另一块踏板的两根棕绳和电杆之间（即应使两根棕绳处在左脚的脚背上）。

（4）左手握住上一块踏板左端绳索，同时左脚用力抵住电杆，这样既可防止踏板滑下，又可防止人体摇晃。

（5）双手紧握上一块踏板的两根绳索，使人体重心下降。

（6）双手随人体下降而下移紧握位置，直至贴近两端木板，左脚不动，但用力支撑住电杆，使人体向后仰开，同时右脚从上一块踏板退下，使人体不断下降，并要使右脚能准确地踏到下一块踏板。

（7）当右脚稍一着落而人体重量尚未完全落到下一块踏板时，就应立即把左脚从两根棕绳内抽出（注意此时双手不可松劲），并趁势使人体贴近电杆站稳。

（8）左脚下移，并准备绕过左边棕绳，右手上移到上一块踏板的勾挂处。

（9）左脚如图所示在踏板上站稳，双手解去上一块踏板。

以后按上述步骤重复进行，直至人体着地为止。

2. 脚扣登杆

（1）系好安全带。

（2）脚扣安全检查。登杆前应对脚扣进行冲击试验，试验时先登一步电杆，然后使整个人体重力以冲击的速度加在一只脚扣上，若无问题再试另一只脚扣。当试验证明两只脚扣都完好时方可进行登杆。

（3）脚扣登杆和下杆方法如图 2-27 所示，操作时，只需注意两手和两脚的协调配合，当左脚向上跨扣时，左手应同时向上扶住电杆；当右脚向上跨扣时，右手应同时向上扶住电杆。下杆，则同样使手脚协调配合往下就可。图中1～3所示是上杆姿势，4～5所示为下杆姿势。

图 2-27　脚扣登杆和下杆方法

注意：上、下杆的每一步，必须先使脚扣环完全套入，并可靠地扣住电杆，才能移动身体，否则容易造成事故。

按上面所述的方法进行登杆练习，应多次练习，直到掌握要领为止。

三、登杆操作注意事项

登杆操作练习时必须有专人监督、保护。

1. 使用脚扣登杆时应注意

（1）在登杆前应对脚扣进行人体荷载冲击试验，检查脚扣是否牢固可靠。穿脚扣时，脚扣带的松紧要适当，应防止脚扣在脚上转动或脱落。

（2）上杆时，一定按电杆的规格，调节好脚扣的大小，使之牢靠地扣住电杆，上、下杆的每一步都必须使脚扣与电杆之间完全扣牢，否则容易出现下滑及其他事故。

（3）雨天或冰雪天登杆容易出现滑落伤人事故，故不宜登杆。

（4）登杆人员用脚扣必须穿绝缘胶鞋。

2. 使用脚踏板登杆时应注意

（1）脚踏板使用前，一定要检查踏板有无开裂或腐朽，绳索有无腐蚀或断股现象，若发现应及时更换处理。否则登杆容易出现滑落伤人事故，故不宜登杆。

（2）在登杆前应对脚踏板进行人体荷载冲击试验，检查脚踏板各部位是否牢固可靠。

3. 登杆属于高空作业，凡患有精神病、高血压和心脏病等疾病的人，一律不可参加登杆

四、考核评分

登杆操作考核评分见表 2-17。

表 2-17 　　　　　　　　　登杆操作考核评分表

班级：　　　姓名：　　　考核项目：登杆操作

序号	项　目	内　　容	评 分 标 准	分值	得分
1	登杆准备	核对工具、材料齐全，工具选择、使用方法正确 上杆前检查脚踏板的绳钩（或脚扣、脚扣带）及各部连接，要牢固可靠	上杆前不作检查扣 10 分 检查不全扣 5 分	10	
2	登杆操作	上下杆时身体重心平衡，操作动作正确 上下杆过程中无下滑和掉脚踏板或脚扣现象 在杆上不许大声喧闹 下杆时脚未到地面不许跳下	每项不符合要求扣 5 分 登杆过程中下滑及掉脚踏板或脚扣者各扣 20 分 违反者扣 10 分 违反者扣 10 分	50	
3	安全文明操作	登杆人员衣着符合要求、戴好安全帽 工具整理并摆放整齐，场地收拾干净	衣着不符合要求扣 10 分 不戴安全帽扣 10 分 登杆结束后不整理工具扣 5 分	20	
4	时　间	上杆从脚离开地面算起，到达杆顶后手摸杆头至下杆脚落地为止（或取下最后一块脚踏板） 根据电杆的高度定上下杆时间	超时 5s 扣 2 分，扣完为止	20	
5	总　分			100	

第 三 章

低压配线及室内照明电路安装操作实训

第一节 低压配线基础知识

一、低压配线的类型和方式

低压配线是指电压 500V 及以下的配线，按敷设地点不同分为室内配线和室外配线两类。室内配线是指室内接到用电器具的供电和控制线路，导线沿建筑物外墙或由本建筑物引至附近建筑物的敷设称为室外配线。

室内配线分明配线和暗配线两种。导线沿墙壁、天花板及梁柱等明敷设，称为明配线。导线埋设在墙内，地坪内或装在顶棚里，称为暗配线。

室内配线的方式通常有护套线配线、塑料线槽配线、线管配线、瓷夹板配线、瓷瓶配线等。照明线路中普遍采用的是护套线配线、塑料线槽配线、线管配线。

二、低压配线的基本要求

（1）导线的额定电压应大于线路的工作电压，导线截面的选择应符合下列要求。

1）导线的长期允许负荷电流不应小于线路的计算负荷电流。

2）配线应保证受电端的电压损失不超过表 3-1 中规定的数值。

表 3-1　　　　　　　　　　　　配线电压损失允许值

受 电 设 备 种 类		允许电压损失（%）
电动机	正常连续运转	5
	启动时　频繁启动	10
	启动时　不频繁启动	15
	启动时　吊车电机	15
电焊设备（在正常尖缝焊接电流时）		8～10
白炽灯	室内主要场所	2.5
	住宅照明	5
	36V 以下低压移动照明	10
荧光灯	室内主要场所	2.5
	短时电压波动及室外	5

3）按机械强度要求，绝缘导线线芯的截面不得小于表 3-2 中规定的数值。

表 3-2　　　　　　　　　按机械强度要求的导线线芯最小截面

敷 设 方 式 及 用 途			线芯最小截面（mm²）		
			铜芯软线	铜　线	铝　线
敷设在绝缘支持物上的导线其支持点间距	1m 及以下	室内		1.0	1.5
		室外		1.5	2.5
	2m 及以下	室内		1.0	2.5
		室外		1.5	2.5

续表

敷 设 方 式 及 用 途			线芯最小截面（mm²）		
			铜芯软线	铜 线	铝 线
敷设在绝缘支持物上的导线其支持点间距	6m 及以下	室内		2.5	4
	12m 及以下	室外		2.5	6
穿管敷设的绝缘导线			1.0	1.0	2.5
槽板内敷设的绝缘导线				1.0	1.5
塑料护套线敷设				1.0	1.5

（2）为确保安全，室内外电气管线与各种管道之间以及与建筑物、地面间的最小允许距离应符合规定，如表3-3、表3-4、表3-5所示。

表3-3 　　　　　　　　　各种配线与管道最小距离 　　　　　　　　　mm

配线方式 管道名称		导线穿管配线	绝缘导线明配	裸 母 线	配电设备
煤气管	平行	100	1000	1000	1500
	交叉	100	300	300	—
乙炔管	平行	100	1000	2000	3000
	交叉	100	500	500	—
氧气管	平行	100	500	1000	1500
	交叉	100	300	500	—
蒸气管	平行	1000（500）	1000（500）	1000	500
	交叉	300	300	500	—
暖、热水管	平行	300（200）	300（200）	1000	100
	交叉	100	100	500	—
通风、上下水、压缩空气管	平行	—	200	1000	100
	交叉	—	100	500	—

表3-4 　　　　　　　　　绝缘导线至建筑物的最小距离 　　　　　　　　　mm

布 线 位 置	最 小 距 离
水平敷设时垂直距离：	
在阳台、平台上和跨越屋顶	2500
在窗户上	300
在窗户下	800
垂直敷设时至阳台、窗户的水平距离	600
导线至墙壁和构件的距离	35

表3-5 　　　　　　　　　绝缘导线至地面的最小距离 　　　　　　　　　m

布 线 位 置		最 小 距 离
导线水平敷设时	室内	2.5
	室外	2.7
导线垂直敷设时	室内	1.8
	室外	2.7

（3）配线时应尽量避免导线接头，因为导线接头接触不良很容易造成事故，如必须采用接头时应采用压接或焊接。穿在管内的导线在任何情况下都不能有接头，接头应放在接线盒内或灯头盒内连接。

（4）导线穿墙时，也应加装保护管（瓷管、塑料管或钢管），保护管伸出墙面的长度不应小于 10mm。

（5）导线穿越楼板时，应将导线穿入钢管或硬塑料管内保护，保护管上端口距地面不应小于 2m，下端口到楼板下出口为止。

（6）当导线通过建筑物伸缩缝或沉降缝时，导线敷设应稍有松弛；敷设线管时应装设补偿装置。

（7）导线相互交叉时为避免碰线，应在每根导线上加套绝缘管，并将套管在导线上固定牢靠。

三、低压配线的一般工序

（1）定位。按施工要求，在建筑物上确定出照明灯具、插座、配电装置、启动和控制设备等的实际位置，并注上记号。

（2）划线。在导线沿建筑物敷设的路径上，划出线路走向色线，并确定绝缘支持件固定点、穿墙孔、穿楼板孔的位置，并标明记号。

（3）凿孔与预埋。按上述标注位置凿孔并预埋紧固件。

（4）安装绝缘支持件、线夹或线管。

（5）敷设导线。

（6）完成导线间连接、分支和封端，处理线头绝缘。

（7）检查线路安装质量。检查线路外观质量、直流电阻和绝缘电阻是否符合要求，有无短路、断路。

（8）完成线端与设备的连接。

（9）通电试验，全面验收。

第二节 塑料护套线配线操作实训

一、基础知识

1. 护套线配线的特点

护套线是一种具有塑料层的双芯或多芯绝缘导线，它具有防潮、耐酸和耐腐蚀等性能。护套线可直接敷设在空心楼板内和建筑物的表面，用塑料线卡或铝线卡作为导线的支持物，铝线卡现在已经很少采用。护套线敷设的方法简单、线路整齐美观、造价低廉，目前已逐渐取代瓷夹板、木槽板和绝缘子配线而广泛应用于电气照明及其他小容量配电线路。但护套线不宜直接埋入抹灰层内暗敷设，且不适用于室外露天场所明敷和大容量电路。

2. 护套线配线的敷设要求

（1）护套线的型号、规格必须严格按照设计图纸规定。塑料线卡必须与所夹持的护套线规格相对应。

（2）护套线的敷设应横平竖直，不应松弛、扭绞和弯曲。护套线在同一墙面转弯时，必须保证相互垂直，导线弯曲要均匀，弯曲半径不应小于导线宽度的 3 倍，太小会损伤导线线芯，太大影响线路美观。两根护套线相互交叉时，交叉处要用四个塑料线卡固定；护套线在转弯前后要用塑料线卡固定。

（3）在混凝土结构或预制楼板上敷设护套线时，可采用环氧树脂粘接。

（4）室内使用护套线配线，其截面规定铜芯不得小于 0.5mm²；铝芯不得小于 1.5mm²；室外使用塑料护套线配线时，其截面规定铜芯不得小于 1.0mm²；铝芯不得小于 2.5mm²。

（5）护套线的分支接头和中间接头，应放在开关、灯头盒和插座等处，必要时可装设接线盒，以保证整齐美观。当护套线穿过建筑物的伸缩缝、沉降缝时，在跨缝的一段导线两端，应可靠固定，并做成弯曲状，留有一定伸缩长度。

（6）护套线直接暗敷在空心楼板孔内时，应将楼板孔内清除干净，导线的护套层不得损伤。在地下或墙壁内敷设护套线时，必须穿管。根据规范，与热力管道进行平行敷设时，其间距不应小于 1m；交叉敷设时，其间距不小于 0.2m。否则，必须做隔热处理。此外，护套线在易受机械外力损伤的场所应穿保护管，与各种管道紧贴、交叉时也要加装保护管。

（7）在护套线配线时，严禁将护套线直接埋在墙壁或顶棚的抹灰层内，其原因如下：

1）导线绝缘不良，容易造成漏电事故，危及人身或建筑物的安全。

2）护套线直接埋在墙壁内，则无法进行检修与更换。

3）如果室内装修进行钻孔或钉钉，很容易损坏导线，造成漏电、断线等事故。

4）导线还会受到水泥、石灰等碱性物质的腐蚀而加速老化，严重时造成绝缘层开裂引起漏电。

二、工具及材料

（1）工具有：电工常用工具、工具袋、小锤子、剪刀、万用表、绝缘电阻表、人字梯（在自制工作台上操作可不用）、卷尺、粉线袋、线坠、移动开关板（在移动开关板上必须装置剩余电流继电器）等。

（2）灯座一个、护套线 1 卷（截面为 1.5mm²）、钢钉、塑料线卡、接线座 3 个、灯泡 1 个、电工辅料。

三、护套线配线的施工工序

（1）绘图定位。根据所给的材料和工作台的大小以及指导老师的要求绘制接线图，敷设护套线时，可用粉线按照图纸弹出正确合理的水平线和垂直线。

（2）放线。放线时需两人合作，一人把整盘线套入双手中，另一人将线头向前拉直，放出的导线不得在地上拖拉，以免损伤绝缘层。如线路较短，为了便于施工，可按实际长度并留有一定的余量将导线剪断（实训时用此方法）。

（3）钉塑料线卡。常用的塑料线卡规格有 4、6、8、10、12mm 等，规格表示塑料线卡的卡口宽度。其常见外形如图 3-1 所示。根据护套线不同的宽度和外形（圆形或扁形），选择相应的线卡外形及规格。塑料线卡的钉制距离及位置要求为：直线

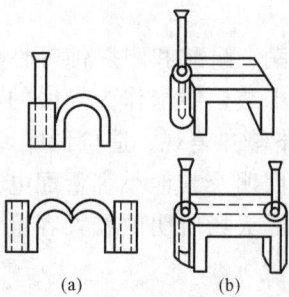

图 3-1　塑料线卡
(a) 圆形槽塑料线卡；
(b) 方形槽塑料线卡

敷设段每隔150～200mm，转角处距离转角50～100mm处，距离开关、插座和灯具木台50～100mm处钉塑料线卡，同一根护套线上固定单钉塑料卡时钢钉的位置应在同一方向。塑料线卡和铝线卡固定护套线的做法如图3-2、图3-3所示。

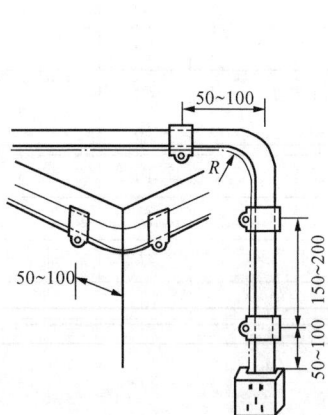

图3-2 塑料线卡固
定护套线的方法

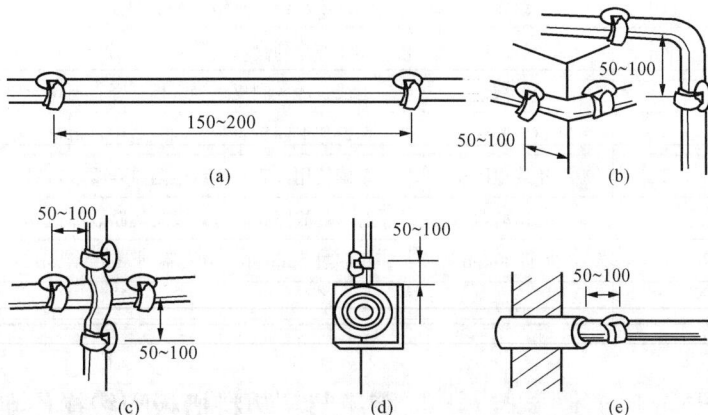

图3-3 铝线卡固定护套线的方法

(a) 直线部分；(b) 转角部分；(c) 十字交叉；(d) 进入木台；(e) 进入管子

(4) 接线盒内接线和连接用电设备（开关、插座、灯头）。

(5) 绝缘测量及通电试验。

四、注意事项

(1) 梯子下端应有防滑措施，不得缺档，不得垫高使用。单面梯子与地面的夹角以60°～70°为宜，人字梯在距梯脚40～60cm处设拉绳，不准站在梯子最上层工作，不准两人同时登一梯操作（在操作台上操作可不用人字梯）。

(2) 护套线敷设中边操作边调整，保证护套线横平竖直，不能偏向。

(3) 护套线应通过接线盒或电器器具进行连接，线与线不能直接连接。

五、护套线配线的质量检查和验收

(1) 绝缘电阻测量。导线间和导线对地的绝缘电阻值必须大于0.5MΩ。方法是用绝缘电阻表进行测量。

(2) 导线严禁有弯折、扭绞、绝缘层损坏等缺陷。方法是用目视法检查。

(3) 护套线敷设必须符合以下规定（方法是目视检查）：

1) 横平竖直、整齐美观、牢固可靠；导线穿过梁、墙、楼板或跨越金属管线时要有保护管；跨越建筑物伸缩缝的导线两端固定可靠，并留有适当的伸缩长度。

2) 护套线明敷设部分紧贴建筑物表面；多根导线平行敷设间距一致，分支和弯头整齐。

(4) 护套线连接必须符合以下规定（方法是目视检查）。

1) 连接牢固，包扎严密，绝缘良好，不伤芯线；接头设在接线盒或用电器具内。

2) 接线盒位置正确，盒盖齐全、平整，导线进入接线盒或用电器具时要留有适当的长度。

六、塑料护套线配线操作考核评分

塑料护套线配线操作考核评分见表3-6。

表 3 - 6

表 3 - 6 　　　　　　　　　　塑料护套线配线操作考核评分表

班级：　　　　姓名：　　　　考核项目：塑料护套线配线操作

序号	内容	评分标准	分值	得分
1	绘图	图纸不整洁、画错、酌情扣分	10	
2	元气件固定	元器件排列合理、整齐每指出一处扣 5 分	20	
3	配线	走线合理、剥皮适当、横平竖直不符合要求酌情扣分	30	
4	钢钉塑卡	钢钉塑卡固定美观、间距适中，每错一处扣 5 分	10	
5	绝缘电阻	正确使用仪表，绝缘电阻符合要求，错一处扣 5 分	10	
6	通电验收	有一处故障扣 5 分，发生短路故障记 0 分	10	
7	时间 30min	每超过 5min 扣 5 分，不满 5min 算 5min	10	
8	总分		100	

第三节　塑料槽板配线操作实训

一、基础知识

1. 槽板配线的特点

槽板配线就是将绝缘导线敷设在槽板的线槽内，上面用盖板盖住。导线不外露，显得整齐美观。槽板配线主要应用在干燥房间内的明配线路，便于维护和检修。常用的槽板配线有木槽板和塑料槽板两种，现在木槽板已很少采用，采用的是塑料槽板，它具有美观、耐用、方便、价廉和安全的特点。现已广泛用于明敷施工中。塑料槽板的线槽有两线和三线之分，其外形如图 3 - 4 所示。

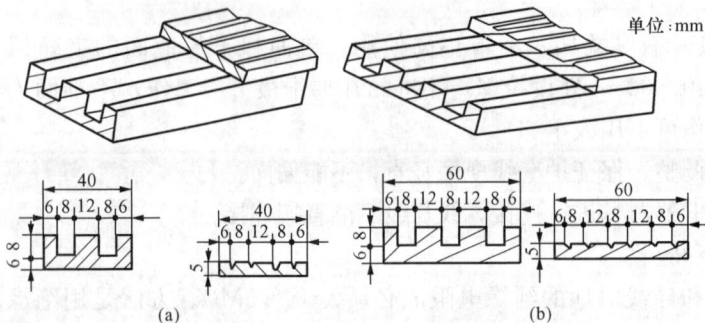

图 3 - 4　槽板外形尺寸图

(a) 两线槽板；(b) 三线槽板

塑料线槽分槽底和槽盖，施工时先把槽底用木螺钉固定在墙面上，放入导线后再把槽板盖盖上。VXC－20 线槽尺寸为 20mm×12.5mm，每根长 2m。塑料线槽安装示意图，如图 3 - 5 所示，图中所标的各附件，如图 3 - 6 所示。

2. 塑料槽板配线的敷设要求

（1）强、弱电线路不应同敷于一根线槽内。线槽内电线或电缆总面积不应超过线槽内截面的 60%。

（2）导线或电缆在线槽内不得有接头。分支接头应在接线盒内连接。

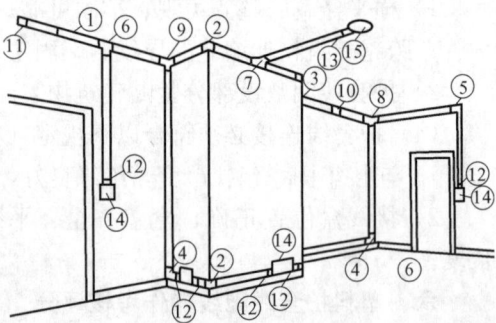

图 3 - 5　塑料线槽及附件安装示意图

（3）塑料线槽敷设时，线槽的连接应连续无间断；每节线槽的固定点不应少于两个；在转角、分支处和端部均应有固定点，并应贴紧墙面固定。槽底固定点最大间距应根据线槽规定而定。

图 3-6　塑料线槽及附件

①塑料线槽　②阳角　③阴角　④直转角　⑤平转角　⑥平三通　⑦顶三通　⑧左三通　⑨右三通　⑩连接头　⑪终端头　⑫接线盒插口　⑬灯头盒插口　⑭接线盒　盖板　⑮灯头盒　盖板

（4）线槽敷设时，线槽应紧贴在建筑物的表面，平直整齐；尽量沿房屋的线脚、墙角、横梁等敷设，要与建筑物的线条平行或垂直。水平或垂直允许偏差为其长度的 2‰，且全长允许偏差为 20mm；并列安装时，槽盖应便于开启。

（5）塑料线槽配线，在线路的连接、转角、分支及终端处应采用相应附件。

（6）当导线敷设到灯具、插座、开关或接头处时，要预留出 100mm 左右的线头便于连接。不允许在槽板上直接安装电器，安装电器必须要用木台并压住槽板头。

（7）槽板配线，不可用于有灰尘或有燃烧性、爆炸性的危险场所。

（8）两根槽板不能叠压在一起使用。

（9）槽板配线在水平和垂直敷设时，平直度和垂直度的允许偏差均不大于 5mm。

（10）线槽终端要做封端处理。

二、工具及材料

1. 工具

电工常用工具、钢锯、人字梯、卷尺、粉线袋、线坠、电钻等。

2. 材料

塑料线槽 6m、塑料胀管 10 个、灯座、开关、插座各一个、40W 日光灯一套、导线（1.5mm²）及电工敷料等。

三、塑料槽板配线的施工顺序

1. 绘制施工图

根据所给材料和指导老师的要求绘制施工图。

2. 准备工作

按照施工图在操作台上确定灯具、开关、插座等设备的安装位置，然后确定导线的敷设路径以及配线的起始、转角、终端，并用粉袋进行弹线。弹线时，横线弹在槽上沿，纵线弹在槽中央，这样安上线槽就把线挡住了。

3. 槽底下料

根据所画线的位置把槽底截成合适长度，平面转角处要锯成 45°斜角，下料用钢锯。有接线盒的位置，线槽到盒边为止。

4. 槽板的安装

（1）固定槽底和明装盒。按照确定的敷设路线，将槽板和明装盒用钉子、木螺丝或膨胀管固定在预埋件上。钉子或木螺丝的长度不应小于槽板厚度的一倍半。中间固定点间距不应大于 500mm，且要均匀；起点或终点端的固定点应在距起点或终点 300mm 处，三线槽板应用双钉交错固定。

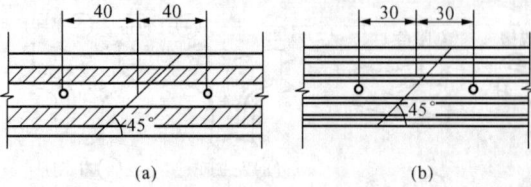

图 3-7 槽板的对接
(a) 底板的对接；(b) 盖板的对接

（2）对接。槽板对接时，底板和盖板均锯成 45°的斜口进行连接，如图 3-7 所示。拼接要紧密，底板的线槽要对齐、对正，底板与盖板的接口应错开，错开的距离不应小于 20mm。

（3）转角连接。槽板转角连接时，仍把两块槽板的底板和盖板端头锯成 45°断口，并把转角处线槽内侧削成圆弧形，以利于布线并避免碰伤导线，如图 3-8 所示。

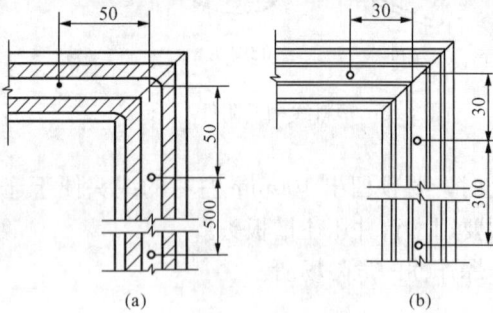

图 3-8 槽板转角连接
(a) 底板转角；(b) 盖板转角

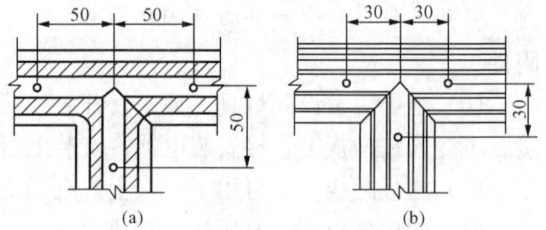

图 3-9 槽板分支 T 形拼接
(a) 底板拼接；(b) 盖板拼接

（4）分支拼接。分支拼接时，在支路槽板的端头，两侧各锯掉腰长等于槽板宽度 1/2 的等腰直角三角形，留下夹角为 90°的接头。干线槽板则在宽度的 1/2 处，锯一个与支路槽板尖头配合的 90°凹角，如图 3-9 所示，并在拼接点上把底板的筋用锯子锯掉铲平，使导线在线槽中能顺畅通过。

5. 敷设导线

（1）敷设导线时，槽内导线不应受到挤压。

（2）导线在灯具、开关、插座及接头等处，一般应留有 100mm 的余量，在配电箱处则按实际需要留有足够的长度，以便于连接设备。

6. 固定盖板

固定盖板应与敷设导线同时进行，边敷线边将盖板固定在底板上。固定用的木螺钉或铁钉要垂直，防止偏斜而碰触导线。盖板固定点间距不应大于 300mm，端部盖板固定点间距不大于 30～40mm，进入木台盖板的固定点如图 3-10 所示。

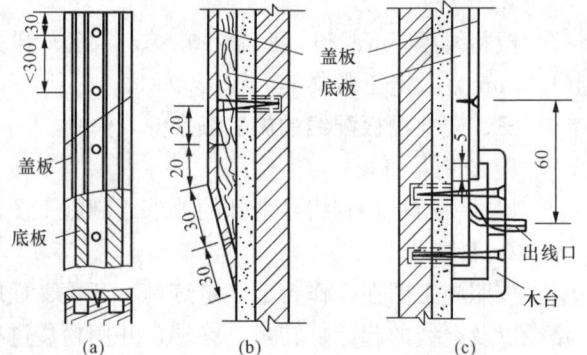

图 3-10 盖板的固定
(a) 盖板固定点间距；(b) 端部盖板固定点间距；
(c) 进入木台盖板的固定点

7. 电器接线安装

槽板盖盖好后，把有关附件加上，并固定好开关、插座等电器部件，最后进行接线。

8. 绝缘测量及通电试验

四、考核评分

塑料槽板配线操作考核平分表见表 3-7。

表 3-7　　　　　　　　　**塑料线槽操作考核评分表**

班级：　　　　姓名：　　　　考核项目：塑料线槽配线操作

序　号	内　容	评 分 标 准	分值	得分
1	绘图	图纸不整洁、画错	10	
2	槽板下料	槽板下料合理、视材料浪费情况酌情扣分	10	
3	配线	走线合理、剥皮适当、横平竖直不符合要求酌情扣分	10	
4	线槽固定	线槽固定可靠、横平竖直、胀管间距适中，每错一处扣5分	20	
	线槽工艺	接口严密整齐，盖板无翘角、导线无外露，视情况酌情扣分	20	
5	绝缘电阻	正确使用绝缘电阻表，绝缘电阻符合要求，错一处扣5分	10	
6	通电验收	有一处故障扣5分，发生短路故障记0分	10	
7	时间 90min	每超过10min扣5分，不满10min算10min	10	
8	总分		100	

第四节　照明电路安装操作实训

一、基础知识

（一）电气照明的基本知识

（1）照明电源供电方式。电力网提供照明电源的电压，我国统一的标准为220V，照明电源线取自三相四线制低压线路上的一根相线和中性线，构成照明电路的线路。电压在36V及以下的电源称为低压安全电源，一般用在特定的场所。

（2）常用照明方式。电气照明按其用途不同分为生活照明、工作照明和事故照明三种方式。

1）生活照明。生活照明指人们日常生活所需要的照明。属于一般照明，它对照度要求不高，可选用光通量较小的光源，但应能比较均匀地照亮周围环境。

2）工作照明。工作照明是指人们从事生产劳动、工作学习、科学研究和实验所需要的照明。它要求有足够的照度。在局部照明、光源和被照物距离较近等情况下，可用光通量不太大的光源；在公共场合，则要求有较大光通量的光源。

3）事故照明。在可能因停电造成事故或损失的场所，必须设置事故照明装置，如医院急救室、手术室、矿井、地下室、公众密集场所等。事故照明的作用是，一旦正常的生活照明或工作照明出现故障，它能自动接通电源，代替原有照明。可见，事故照明是一种保护性照明，可靠性要求很高，决不允许在事故时出现故障。

（二）常用照明电光源

1. 常用照明电光源的种类与特点

自从 100 多年前爱迪生发明白炽灯以来，电光源产品已经历了多次重大发明，在发光效率、使用寿命和显色性能等方面均得到很大的提高。

常见电光源的种类、特点和应用范围如表 3-8 所示。

表 3-8　　　　　　　　　常见电光源的种类、特点和应用范围

种 类	特 点	应 用 范 围
白炽灯	结构简单，价格低廉，使用和维修方便；光效低，寿命短，不耐震	用于室内、外照度要求不高，而开关频繁的场合
荧光灯	发光效率比白炽灯高 3 倍左右，使用寿命比白炽灯长 2~3 倍，光色较好；功率因数较低，附件多，故障率较白炽灯高	广泛用于办公室、会议室、家庭、商场等场所
碘钨灯	发光效率比白炽灯高 30% 左右，构造简单，使用可靠，光色好，体积小，装修方便；灯管必须水平安装（倾斜度不大于 4°），灯管温度高（管壁可达 500~700℃）	广场、体育场、游泳池、车间、仓库等照明要求高、照射距离远的场所
高压汞灯	发光效率约是白炽灯的 3 倍，耐震、耐热性能好，使用寿命是白炽灯的 2~3 倍；起辉时间长，适应电压波动性能差（电压下降 5% 可能引起自熄），熄灯后的再起动时间长（约 5~10min 才能再次开灯）	广场、车间、仓库、码头、街道等场所
高压钠灯	发光效率高，耐震性能好，使用寿命超过白炽灯的 10 倍，光线穿透力强；辨色性能差	街道、车站、码头等尤其适用于多雾、多尘埃的场所
氙灯	功率极大，自几千瓦至数十万瓦，体积小，使用寿命长；结构复杂，需要配用触发装置，灯管温度很高	广泛用于广场、体育场、公园等大面积照明

2. 白炽灯

白炽灯是利用电流在灯丝电阻上的热效应，使灯丝温度上升到白炽温度而发光的。白炽灯有螺口灯头和插口灯头两种，灯泡的构造如图 3-11 所示。

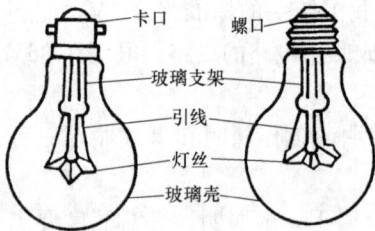

图 3-11　白炽灯的构造

白炽灯泡的主要工作部分是灯丝，灯丝用熔点温度高和不易蒸发的钨制成。40W 及以下的灯泡内部抽成真空，40W 以上的灯泡内部抽成真空后又充有少量氩气或氮气等惰性气体，以减少钨丝挥发，延长灯丝使用寿命。白炽灯发光效率较低，大部分电能转化成热能，只有百分之十左右转换成光能。

3. 荧光灯

荧光灯又称日光灯，光效较高，显色性能好，表面温度低，是目前使用最广泛的气体放电光源。荧光灯是使用量最大的一般照明电光源，按其灯管直径目前通常使用的有 T12、T8、T5 三种，其中 T 代表 1/8in，即 3.175mm，T12、T8、T5 三种荧光灯管的直径约为 T 后面的数字乘以 3.175mm。

（1）荧光灯的构造。荧光灯由灯管、镇流器和启辉器三个主要部件组成。

1）灯管。荧光灯的灯管结构如图 3-12 所示，在封闭的玻璃管两端各装有一个由钨丝

绕成的灯丝，灯丝上涂有发射电子的物质——电子粉。玻璃灯管的内壁上均匀涂有荧光粉，管内抽成真空并充以少量的汞气（水银）和一定量的氩气。氩气有利于灯管点燃，并有保护灯丝，延长灯管使用寿命的作用。当灯管两端加上电压时，灯丝发射的电子便

图 3-12　荧光灯的灯管结构

不断地轰击水银蒸气，使水银分子电离，产生肉眼看不见的紫外线，紫外线射到玻璃管壁上的荧光粉上便发出我们看到的日光色的可见光。

2）启辉器。启辉器由一个充有氖气的封闭玻璃泡和一个纸介电容器组成，如图 3-13 所示。玻璃泡内有一个固定的静触片和一个用双金属片制成的 U 形动触片。与触片并联的电容器的作用有两个，一是与镇流器的线圈形成 LC 振荡回路，延长灯丝预热时间并维持脉冲放电电压；二是能吸收收录机、电视机等电子设备的杂波信号。如果电容器被击穿，将其去掉后启辉器仍可使用。启辉器的作用是自动控制灯丝预热时间，并与镇流器配合使日光灯启辉，所以又称为日光灯继电器。

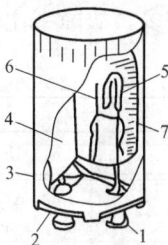

图 3-13　启辉器构造

1—电极；2—绝缘底座；3—外壳；4—电容器；
5—双金属片；6—静触片；7—玻璃壳

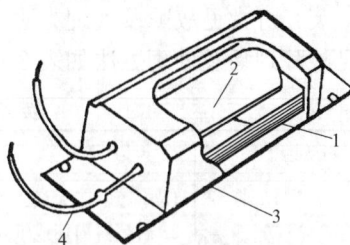

图 3-14　镇流器构造

1—铁芯；2—线圈；3—外壳；4—引线

3）镇流器。普通型的镇流器是具有铁芯的电感线圈，其结构如图 3-14 所示。镇流器有两个作用，一是在启辉器的配合下产生瞬时高电压（600V 以上），使管内氩气电离放电；二是利用串联于电路中的高电抗限制灯管电流，延长灯管使用寿命，起镇流作用。镇流器必须按电源电压和荧光灯管的功率选择，不能互相混用。

现在应用愈来愈广泛的还有电子型的镇流器。其接线方式如图 3-15 所示。电子镇流器具有高效、节能、启动快、功率因数高、无噪声及重量轻等优点。主要原理是使电路产生高频自激振荡，通过谐振电路使灯管两端产生高频高压从而点燃灯管。一个 40W 荧光灯电感式镇流器的耗电是 8W，同样电子型镇流器的耗电仅 1W，所以，电子型镇流器正逐步取代电感式镇流器。

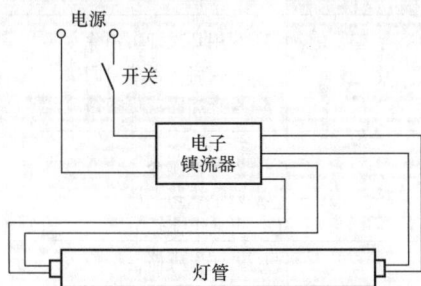

图 3-15　电子型镇流器的接线

（2）荧光灯的工作原理。普通型的荧光灯的原理接线如图 3-16 所示。当电源开关合上后，经镇流器 2、灯丝 3，电压加在启辉器的双金属片 4 和静触片 5 之间，引起氖气的辉光放电。放电时产生的热量使双金属片弯曲与静触片相碰，电路接通，灯丝中有电流流过被预热到很高的温度而发射电子。

与此同时，由于双金属片与静触片的接触使氖泡内的辉光放电停止，双金属片不再受热

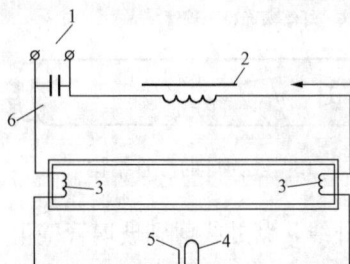

图 3-16　荧光灯的原理接线
1—电源；2—镇流器；3—灯丝；
4—双金属片；5—静触片；6—电容器

而冷却后离开静触片恢复原状。就在双金属片离开静触片的瞬间，因电路突然断开，镇流器产生一个很高的自感电动势，与电源电压串联后加在灯管两端的灯丝之间，使管内的氩气电离放电；氩气电离放电后，管内温度升高，使管内水银蒸气压力上升，从而使氩气电离放电很快过渡到水银蒸气电离放电。放电时辐射的紫外线激励管壁上的荧光粉，发出日光色的光线。灯管点燃后，一半以上的电压降落在镇流器上，启辉器双金属片与静触片之间的电压（也就是灯管两端的电压）较低，不足以引起氖管的辉光放电，所以，电压总是加在灯管的两端，维持管内气体放电状态，连续发光。

输入荧光灯管的电能中，有百分之四十左右变为光能，故其发光效率较白炽灯高。由于荧光灯电路中接入了具有电感性质的镇流器，所以它的功率因数较低，约为 0.45。有时为了改善线路功率因数，在电源 1 两端并联一个电容器 6，可把功率因数提高到 0.9。

（3）荧光灯常见故障及处理方法。荧光灯由于组成部件较多，故障率比白炽灯要高，荧光灯常见故障现象及处理方法如表 3-9 所示。

表 3-9　　　　　　　　　　　　荧光灯常见故障及处理方法

故障现象	故障原因	处理方法
不能发光或起动困难	1. 电源电压太低或线路压降太大 2. 启辉器损坏或纸介电容击穿 3. 若为新装荧光灯，可能是接线错误或灯管座接触不良 4. 灯丝断丝或灯管漏气 5. 镇流器选配不当或内部接线松动	1. 调整电源电压或供电线路 2. 更换启辉器 3. 检查线路和接触点 4. 用万用表检查并更换灯管 5. 检查修理或更换镇流器
灯光抖动或灯管两头发红光	1. 接线错误或灯座、灯脚等接头松动 2. 启辉器动、静触片闭合或电容器击穿 3. 镇流器选配不当或内部接线松动 4. 电路电压太低 5. 灯管老化	1. 检查线路并紧固接触点 2. 更换启辉器 3. 修理或更换镇流器 4. 调整电路电压 5. 更换灯管
灯光闪烁	1. 新灯管暂时现象 2. 启辉器损坏或接触不良 3. 线路接线不牢或镇流器选配不当	1. 开用几次即可消除 2. 更换启辉器或紧固接线 3. 检查加固或更换镇流器
杂声及电磁噪声	1. 镇流器质量差、铁芯未夹紧 2. 线路电压过高引起镇流器发声 3. 镇流器过热 4. 启辉器不良引起辉光杂声	1. 更换镇流器 2. 调整线路电压 3. 更换镇流器 4. 更换启辉器
灯管两端发黑	1. 灯管老化 2. 若为新灯管，可能是启辉器损坏引起灯丝电子粉加速挥发 3. 灯管内水银凝结 4. 启辉器不良 5. 镇流器选配不当	1. 更换灯管 2. 更换启辉器 3. 启动后即可蒸发 4. 更换启辉器 5. 更换镇流器
灯管使用寿命短	1. 镇流器选配不当 2. 启动频繁或启辉器不良，灯管长时间闪烁	1. 合理选用镇流器 2. 减少开关次数，更换启辉器

（三）其他类型荧光灯

（1）高光通量单端荧光灯。高光通量单端荧光灯在灯管的一端有四个插脚，与直管型荧光灯相比具有结构紧凑、光通量输出高、光通量输出稳定、灯具内接线简单等优点。其灯具主要应用于室内有吊顶装饰的场所，主要规格见表3-10。

表 3-10 高光通量单端荧光灯的主要规格

功率（W）	18	24	36	40	55
管长（mm）	255	320	415	535	535

（2）环形荧光灯。环形荧光灯是针对直管荧光灯安装不便和装饰性差的缺点，在近些年开始出现的一种荧光灯，其外形如图3-17。图3-17（a）为普通环形荧光灯，使用时需要外接配套的镇流器和启辉器。图3-17（b）为一体化电子节能环形荧光灯，它是将配套使用的镇流器和启辉器与灯管一体化了。

环形荧光灯与直管荧光灯相比，具有光源集中、照度均匀以及造型美观等优点。

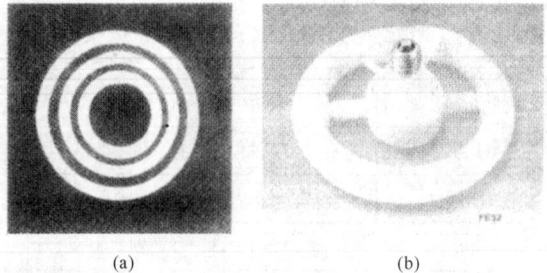

图 3-17 环形荧光灯外形图
(a) 普通环形荧光灯；(b) 一体化电子节能环形荧光灯

（3）紧凑型荧光灯。紧凑型荧光灯又称异形荧光灯。它是针对直管荧光灯结构复杂需要配套镇流器和启辉器，灯管尺寸较大等缺点，研制开发出来的新一代电子节能灯，其外形独特款式多样，利用9~16mm细管灯管弯曲或拼接成一定的形状，缩短放电管的线形长度，以获得结构紧凑的优势。紧凑型荧光灯配以小型电子镇流器和启辉器，将美观的外形设计与现代电子技术结合起来，使整灯外观协调、精巧。紧凑型荧光灯是一种整体形的小功率荧光灯，它把白炽灯与荧光灯的优点集于一身，并将镇流器和启辉器一体化，所以，其外形类似普通照明白炽灯。该灯具有寿命长（国外产品使用寿命高达8000~10000h）、光效高和节能（同样光通量输出，耗电量仅是白炽灯的1/4）、使用方便等优点，能够直接装在普通螺口或插口灯座中代替白炽灯。紧凑型荧光灯主要外形见图3-18。

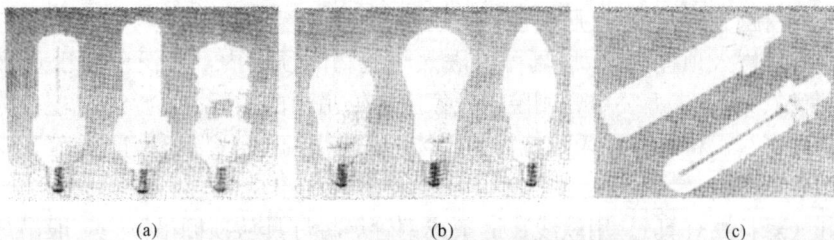

图 3-18 几种紧凑型荧光灯
(a) 一体化系列荧光灯；(b) 灯泡形荧光灯；(c) 插拔系列荧光灯

图 3-18（a）为一体化系列紧凑型荧光灯，将镇流器等全套控制电路封闭在灯的外壳内，主要有 2U、3U、2D、螺旋等外形，是新一代电子节能灯，显著特点是外形独特、款式新颖、光效高、使用寿命长。

图 3-18（b）为灯泡形紧凑型荧光灯，表面采用乳白玻璃磨砂处理，使光线更加柔和舒适。

图 3-18（c）为插拔系列紧凑型荧光灯，灯管与控制电路分离，需用特制灯头，主要形式有 U 形、2U 形、H 形、2H 形、2D 形等。

由于紧凑型荧光灯品种多样化、规格系列化（见表 3-11），并且能与各种类型的灯具配套制成造型新颖别致的台灯、壁灯、吊灯、吸顶灯和装饰灯，日益应用于家庭、商场、饭店、宾馆等公用场所。

表 3-11　　　　　　　　　　　紧凑型荧光灯类型

型 号	功 率（W）	型 号	功 率（W）
H 形	5、7、9、11、18、24、35	Y 形	13、16
2H 形	10、13、18、26	UH 形	9、13、16
U 形	5、7、9、11、18、24、35	2π 形	10、13、18、26
2U 形	10、13、18、26	环形	15、22、35、40
3U 形	16、28	球形	16、20
2D 形	16、28、38	双曲形	9、13、18、25
W 形	11、13、16	四边形	13、16、28、38
Ⅱ 形	5、7、9、11、18、24、36	六边形	13、16、28、38

（四）照明灯具

照明灯具是指除电光源以外的所有用于固定和保护光源的零件。它的作用是固定电光源、控制光线；把电光源的光能分配到需要的方向，使光线更集中，以提高光照度；防止眩光及保护光源不受外力、潮湿及有害气体的影响。灯具的结构应便于制造、安装及维护，外形要美观。

（1）照明灯具的种类。照明灯具的分类方法很多，按安装方式主要分为以下种类：

1）吸顶灯。直接安装在建筑物顶棚上的灯具，常用于大厅、门厅、走廊、厕所、楼梯及办公室、会议室等场所。

2）壁灯。安装在墙壁上的灯具，主要作为室内装饰的辅助性照明，广泛用于酒店、餐厅、歌舞厅、卡拉 OK 包房以及居民住宅等场所。

3）镶嵌灯（嵌入顶棚式）。灯具可以嵌入建筑物的顶棚内，广泛应用于走廊、酒店客房、餐厅、商场、超市、办公室、剧院以及家庭装饰吊顶的场所。

4）嵌墙式灯具。将灯具嵌入建筑物的墙体内，多用于公共场所疏散指示灯或酒店等场所的脚灯。

5）吊灯（悬挂式灯具）。用软线、链条或钢管等将灯具从顶棚吊下。一般吊灯用于装饰性要求不高的各种场所，而比较高档的装饰多采用花吊灯。这种灯具以装饰为主，花样品种十分繁多，广泛用于酒店、餐厅、会议室和居民住宅等场所。

6）移动式灯具。台灯、落地灯、床头灯、轨道灯等属于移动式灯具。它可以自由移动以获得局部高照度，同时作为装饰可以烘托居室内的气氛，广泛用于家庭、办公室、工厂车间、酒店、商店等场所。

（2）照明灯具的选用。照明设计中，应选择既满足使用功能和照明质量要求，又便于安装维护、长期运行费用低的灯具，具体要考虑以下方面：

1）环境条件。选择照明灯具时，应特别注意有火灾危险、爆炸危险、灰尘、潮湿、振动和化学腐蚀等特殊的环境条件，灯具的外壳防护等级应确保灯具能在特殊环境条件下安全工作。

2）经济性。选择照明灯具时，应对可供选择的灯具和照明方案进行经济合理性比较，主要考虑初始投资费用（灯具的购置费、灯泡的费用、安装费）、年运行费用（每年的电费、更换灯泡的费用）以及年维护费用（换灯和清扫的人工费），应尽量选择经济性好，安装维护方便的灯具。

3）装饰性。灯具的造型尺寸、外表的颜色等应与建筑物协调一致，还可以通过采用艺术灯具（吊灯、壁灯、特制的各种形状的灯具）起到装饰房间，烘托建筑的目的。

（3）灯具的附件。

1）灯座。灯座有插口和螺口两大类。100W 以上的灯泡多为螺口灯座，因为螺口灯座接触要比插口灯座好，能通过较大的电流。按其安装方式又可分为平灯座、悬吊式灯座和管子灯座等。按其外壳材料又可分为胶木、瓷质和金属三种灯座，一般 100W 以下的采用胶木灯座，100W 以上的多采用瓷质灯座。

2）灯罩。灯罩形式较多，按材质可分为玻璃罩、搪瓷罩、铝罩等，按反射、透射和散射作用又可分为直接式、间接式和半间接式等三种。

3）开关。开关的作用是接通和断开电路。按其安装条件可分为明装式和暗装式两种，按使用方式分为拉线开关和翘板开关。按其构造可分为单联开关、双联开关、三联开关以及目前在楼梯过道广泛应用的声控光敏开关。声控光敏开关可以在环境光照度低到一定数值的前提下，通过声音振动使开关闭合，延时一段时间后自动断开。开关按外壳防护形式还可以分为普通式、防水防尘式、防爆式等。开关的规格一般以额定电压和额定电流来表示，室内开关的额定电压一般为 250V，电流一般在 3～10A 之间。

4）插座。插座的作用是供移动式灯具或其他移动式电器设备接通电路。按其结构可分为单相双孔、单相带接地线三孔和三相带接地线四孔的插座。按其安装方式可分为明装式和暗装式。按其防护方式可以分为普通式、防水防尘式、防爆式。插座的规格一般也以额定电压和额定电流来表示。单相插座的额定电压一般为 250V，三相插座的额定电压一般为 450V。

5）吊线盒。吊线盒用来悬挂灯具并起接线盒的作用。它有塑料和瓷质两种，一般能悬挂重量不超过 2.5kg 的灯具。

（五）室内照明线路的组成与基本形式

（1）室内照明线路的组成。室内照明线路一般由电源、导线、开关和负载（照明灯）组成。电源有直流和交流两种，室内照明主要为交流。交流电源常用三相配电变压器供电，每一根相线与中性线构成一个单相电源，在负载分配时要尽量做到配电变压器三相负载对称。电源与负载之间用导线连接。选择导线时，要注意导线的允许载流量，一般以允许电流密度作为选择导线截面的依据，即明配线路铝导线可取 $4.5A/mm^2$，铜导线可取 $6A/mm^2$，软铜导线可取 $5A/mm^2$。开关用来控制电流的通断。负载即照明灯，它能将电能转换为光能。

（2）室内照明线路的基本形式。室内照明线路常见的基本形式有单处控制单灯线路，双处控制单灯线路，三处控制单灯线路。

1）单处控制单灯线路。这种线路由一个单联开关单处控制一盏灯或一组灯，如图3-19（a）所示。接线时应将相线接入开关，零线接入灯座，使开关断开后灯座上无电压，确保修理的安全。这是室内照明线路中最基本、最普遍的一种线路。

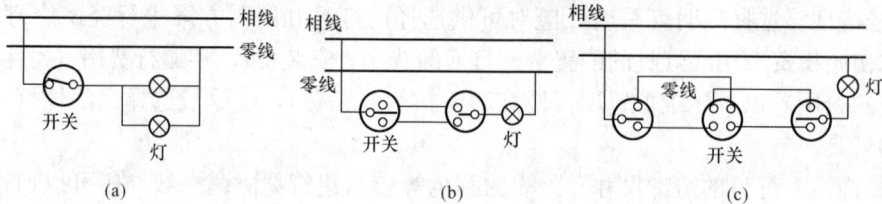

图3-19　室内照明线路常见的基本形式
(a) 单处控制单灯线路；(b) 两处控制单灯线路；(c) 三处控制单灯线路

2）两处控制单灯线路。这种线路由两个双联开关在两处同时控制一盏灯，如图3-19（b）所示。常用于楼梯或走廊的照明，在楼上和楼下或走廊两端均可独立控制一盏灯。

3）三处控制单灯线路。这种线路由两个双联开关和一个三联开关组成，可在三处同时控制一盏灯，如图3-19（c）所示，应用于楼梯和较长的走廊上。

（六）室内照明线路的安装要求

对室内照明线路的安装要求，可概括为八个字，即正规、合理、牢固、美观。具体原则如下：

（1）各种灯具、开关、插座、吊线盒及所有附件品种规格、性能参数，如额定电压、电流等，必须符合使用要求。

（2）如应用在户内特别潮湿或具有腐蚀性气体和蒸汽的场所，应用在易燃或易爆炸的场所，以及应用于户外的，必须相应地采用具有防潮或防爆结构的灯具和开关。

（3）灯具安装应牢固。质量在1kg以内的灯具可采用软导线自身做吊线；质量超过1kg的灯具应采用链吊或管吊；质量超过3kg时，必须固定在预埋的吊钩或螺栓上。

（4）灯具的吊管应由直径不小于10mm的薄壁钢管制成。

（5）灯具固定时，不应因灯具自重而使导线承受额外的张力，导线在引入灯具处不应有磨损，不应受力。

（6）导线分支及连接处应便于检查。

（7）必须接地或接零的金属外壳应由专门的接地螺栓连接牢固，不得用导线缠绕。

（8）灯具的安装高度：室内一般不低于2.4m，室外一般不得低于3m。如遇特殊情况难以达到上述要求时，可采取相应的保护措施或采用36V安全电压供电。

（9）室内照明开关一般安装在门边易于操作的位置。拉线开关的安装高度一般离地2～3m，扳把开关一般离地1.3m，离门框的距离一般为150～200mm。安装时，同一建筑物内的开关宜采用同一系列的产品，并应操作灵活、接触可靠，还要考虑使用环境以选择合适的外壳防护形式。

　　（10）插座的安装高度距地面应为 1.8m；低装插座一般离地 0.3m，并采用安全插座。

　　（七）开关和插座的安装

　　（1）明装开关和明插座安装时，应在定位处预埋木楔或膨胀螺栓以固定木台，然后在木台上安装开关和插座，如图 3-20 所示。

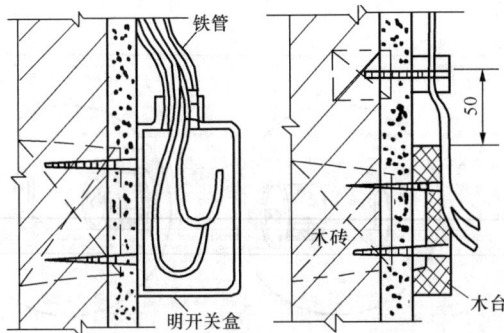

图 3-20　明开关和明插座的安装

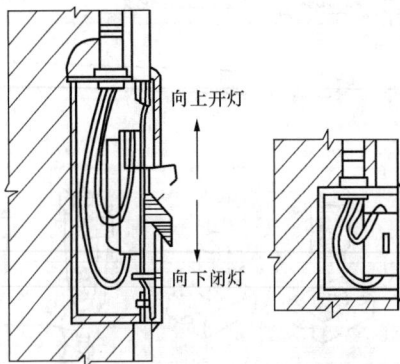

图 3-21　暗开关和暗插座的安装

　　（2）暗装开关和暗插座安装时，应设有专用接线盒，一般是先进行预埋，再用水泥砂浆充填抹平，接线盒口应与墙面粉刷层平齐，待穿线完毕后再安装开关和插座，其面板或盖板应端正紧贴墙面，如图 3-21 所示。

　　（3）无论明开关还是暗开关，装好后的位置应是往上扳电路接通，往下扳电路断开。

　　（4）在安装插座时，插座孔要按一定顺序排列；单相双孔插座双孔垂直排列时，相线孔在上方，零线孔在下方；单相双孔水平排列时，相线在右孔，零线在左孔；单相三孔插座，保护接地在上孔，相线在右孔，零线在左孔，如图 3-22 所示。当交直流或不同电压的插座安装在同一场所时，应有明显的区别，并且插头和插座不能相互插入。

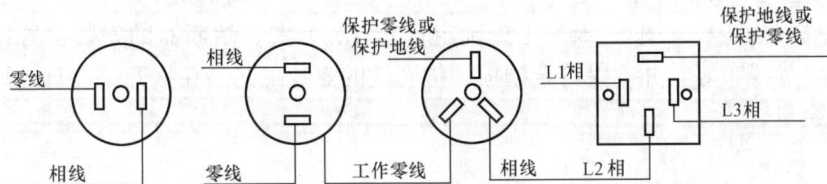

图 3-22　插座插孔的极性连接方法

二、工具及材料

1. 工具

常用电工工具、万用表 1 块、绝缘电阻表 1 块。

2. 材料

自制木质接线板 1 块（1.8m×1.2m）、日光灯灯具 1 套、双联开关 2 个、三联开关、插座及底盒 1 个、护套线及电工敷料。

三、安装操作步骤

　　（1）熟悉电路原理，熟悉每个组件的作用和装接方法（图 3-23），检查电路元件是否良好。

　　（2）按图 3-24 所示用木槽板（护套线）线路敷设并进行电路安装，荧光灯电路组件的接线方法如图 3-23（a）所示。若荧光灯采用弹簧灯座，其接线步骤为：

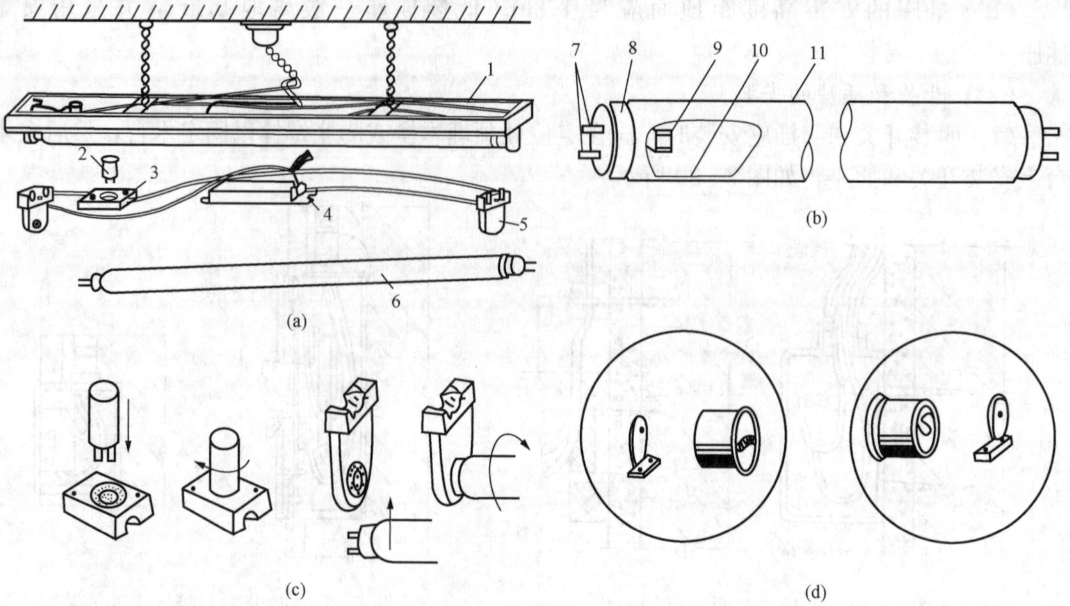

图 3-23　荧光灯的组成和安装

(a) 电路组件接线方法；(b) 荧光灯管结构；(c) 灯管和启辉器的安装；(d) 弹簧式灯座

1—灯架；2—启辉器；3—启辉器座；4—镇流器；5—灯座；6—灯管；

7—灯脚；8—灯头；9—灯丝；10—荧光粉；11—玻璃管

1) 拆卸灯座支架及松脱弹簧座的弹簧。

2) 安装灯座支架（安装位置已在灯架上标好）。

3) 穿越电线。

4) 灯座接线桩接线。

5) 收紧电线，装上灯座。

(3) 在模拟接线板（图 3-25）上先确定日光灯、开关、熔断器的安装位置，然后根据安装接线图将导线布好，并确保符合槽板、护套线的安装工艺。在接开关、日光灯处导线要留有一定的余量。

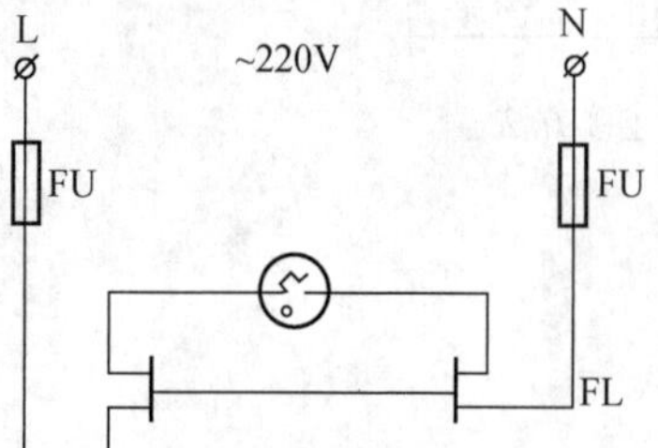

图 3-24　荧光灯电气原理图 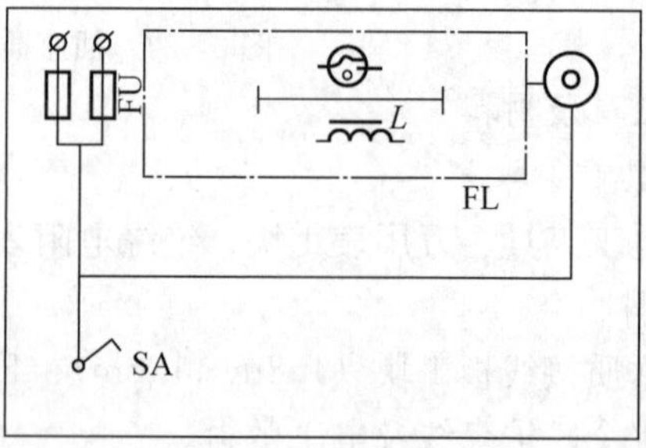　　　　图 3-25　模拟安装板（1800×1200）

(4) 固定插座、开关，其安装要求见插座、开关的安装要求。

(5) 检查电路的接线是否正确和绝缘性能。经查对无误后，通电实验。若线路发生故障应切断电源并重复操作过程。

安全注意事项：

（1）不同的灯管须配用不同的镇流器和启辉器，不可错配。

（2）镇流器一般安装在灯架内的中间，以免左右倾斜。

（3）电源的中性线应直接接灯管，相线进开关。

四、考核评分

考核评分见表 3-12。

表 3-12　　　　　　　　　照明电路安装操作考核评分表

班级：　　　　姓名：　　　考核项目：照明电路安装

序　号	内　容	评　分　标　准	分值	得分
1	绘图	图纸不整洁、画错，酌情扣分	5	
2	定位	整体定位合理、美观，不符合要求酌情扣分	10	
	元件固定	元器件固定牢固，无松动，发现一处扣 5 分	10	
3	布线	走线合理、剥皮适当、横平竖直不符合要求酌情扣分	10	
4	日光灯接线	灯管接线 5 分，镇流器接线 5 分，每错一处扣 5 分	20	
	导线连接与绝缘处理	连接方法正确，工艺美观，5 分；绝缘带包缠方法正确 5 分	20	
5	绝缘电阻	正确使用摇表，绝缘电阻符合要求，错一处扣 5 分	5	
6	通电验收	有一处故障扣 5 分，发生短路故障记 0 分	10	
7	时间 120min	每超过 10min 扣 5 分，不满 10min 算 10min	10	
8	总分		100	

第五节　电能表的安装操作实训

一、基础知识

电能表是用来测量某一段时间内电路里所通过的电能总和的累积式仪表。按结构原理可分为感应式电能表和电子式电能表。按相数分为单相和三相两种，按计量对象不同分为有功电能表和无功电能表。三相电能表分为三相三线制和三相四线制两种；按接线方式不同，三相三线制和三相四线制电能表又可分为直接式和间接式两种。直接式三相电能表常用的规格有 10、20、30、75A 和 100A 等多种，一般用于电流较小的电路上。间接式三相电能表的规格为 5A，与电流互感器连接后，用于电流较大的电路上。

1. 电能表箱与配电板的安装要求

（1）电能表箱应安装在配电板上，电能表安装时应垂直于地面。

（2）配电板一般应采用干燥而坚固的木材制成，其正面及边缘均应涂漆，板厚在 20mm 以上。

（3）配电板的大小，要根据不同的电能表箱以及开关等电气元件所需面积确定。

（4）配电板或配电箱可明装或暗装，条件许可时尽量暗装。安装时，配电板或配电箱的底柜在土建施工中预埋入墙内，面框在土建装饰结束后配置。

（5）装设在墙上的配电板，应安装牢固可靠，其装设高度，通常以表箱下沿距地 1.8m 左右为宜。

2. 低压用户总开关的选择

低压用户配电装置中的总开关，应根据用电负荷的性质及容量大小，分别选用不同形式的开关，选择的根据是：

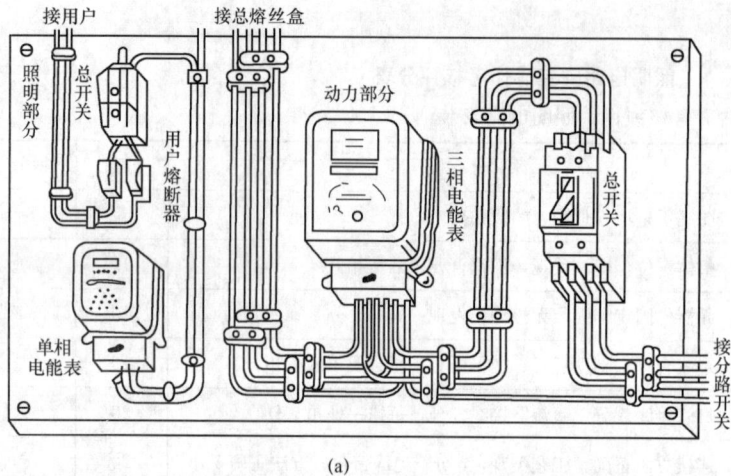

（1）照明与电热容量在 2kW 及以下时，总开关可采用瓷底胶盖隔离开关，不需另加熔断器。

（2）照明与电热容量在 2～5kW、电力总容量在 15kW 及以下时，总开关也可采用瓷底胶盖隔离开关，但应将开关内的熔丝部分短接（直接接通），另行加装熔断器。

（3）电力容量在 15kW 以上时，总开关应采用铁壳开关或低压断路器。

3. 配电板的安装工艺

电能表箱、配电板通常由进户总熔丝盒、电能表和电流互感器等部分组成。一般将总熔丝盒装在进户管的墙上，而将电流互感器、电能表、控制开关、过载及短路保护电器均安装在同一块配电板上，如图 3-26 所示。

（1）总熔丝盒的安装。常用的总熔丝盒分铁皮盒式和铸铁壳式。铁皮盒式分 1～4 型四个规格，

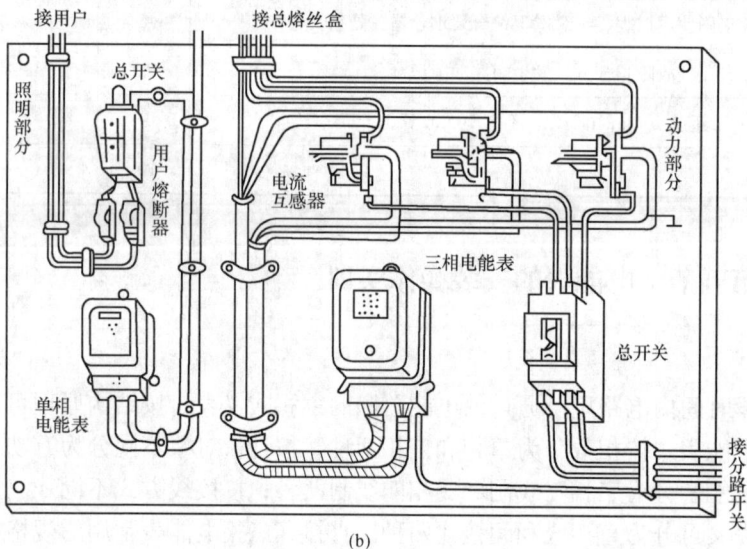

图 3-26　配电板的安装
（a）小容量配电板；（b）大容量配电板

1 型最大，盒内能装三只 200A 熔断器；4 型最小，盒内能装三只 10A 或一只 30A 熔断器及一只接线桥。铸铁壳式分 10、30、60、100、200A 五个规格，每只均只能单独装一只熔断器。

总熔丝盒能够防止下级电力线路的故障蔓延到前级配电干线上而造成更大区域的停电，起到加强计划用电管理（因低压用户总熔丝盒内的熔体规格由供电部门确定置放，并在盒面上加

封，用户无权更换）的作用。

1）总熔丝盒应安装在进户管的户内侧。安装方法如图
3-27所示。

2）总熔丝盒必须安装在实心木板上，木板表面及四沿必
须涂以防火漆。安装时，1型铁皮盒式和200A铸铁壳式的木
板，应用穿墙螺栓或膨胀螺栓固定在建筑墙面上。其余各型
熔丝盒的木板，可用木螺钉来固定。

3）总熔丝盒内熔断器的上接线桩，应分别与进户线的电
源相线连接，接线桥的上接线桩应与进户线的电源中性线
连接。

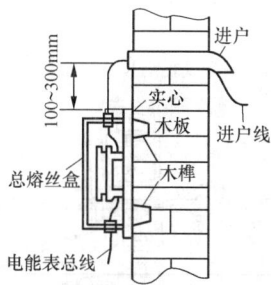

图3-27　总熔丝盒的安装

4）总熔丝盒后若安装多只电能表，则在每只电能表前分别安装分总熔丝盒。

（2）电流互感器的安装。

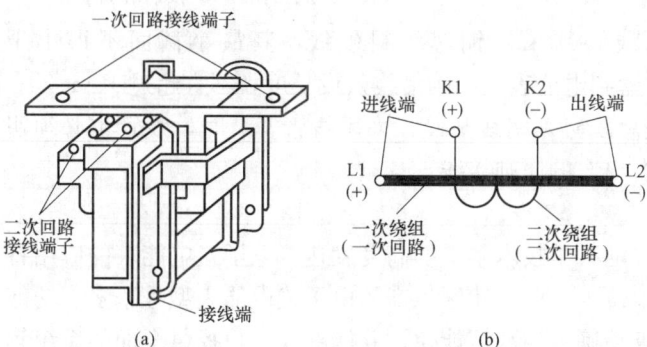

图3-28　电流互感器
（a）外形图；（b）原理符号图

1）电流互感器的二次侧标有"K1"的接线桩要与电能表电流线圈的进线桩连接，标有"K2"的接线桩要与电能表的出线桩连接，不可接反，电流互感器的一次侧标有"L1"的接线桩应接电源进线；标有"L2"的接线桩应接出线。如图3-28所示。

2）电流互感器的二次侧标有"K2"的接线桩、外壳和铁芯都必须可靠接地。

3）电流互感器应装在电能表的上方。

（3）电能表的安装接线。

1）单相电能表的接线。单相电能表共有四个接线桩头，从左到右按1、2、3、4编号。接线方法一般按号码1、3接电源进线，2、4接出线，如图3-29所示。也有些单相电能表的接线方法是按号码1、2接电源进线，3、4接出线，所以具体的接线方法应参照电能表接线桩盖子上的接线图。

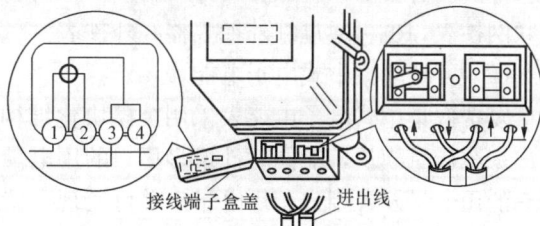

图3-29　单相电能表的接线

2）三相电能表的接线。①直接式三相三线电能表的接线方法：这种电能表共有8个接线桩头，其中1、4、6是电源相线进线桩头；3、5、8是相线出线桩头，2、7三个接线桩头空着，如图3-30所示；②直接式三相四线电能表的接线方法：这种电能表共有11个接线桩头，从左到右按1、2、…11编号，其中1、4、7是电源相线的进线桩头；3、6、9是相线的出线桩头；10、11是电源中性线的进线桩头和出线桩头；2、5、8三个接线桩头空着，如图3-31所示。

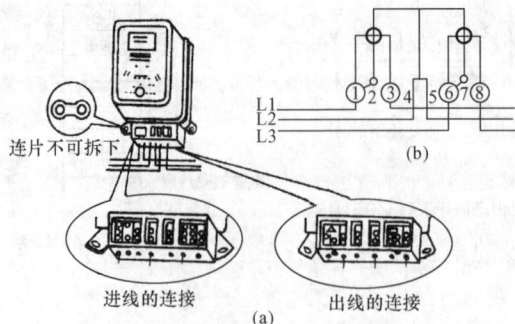

图 3-30 直接式三相三线电能表的接线
(a) 接线外形图；(b) 接线原理图

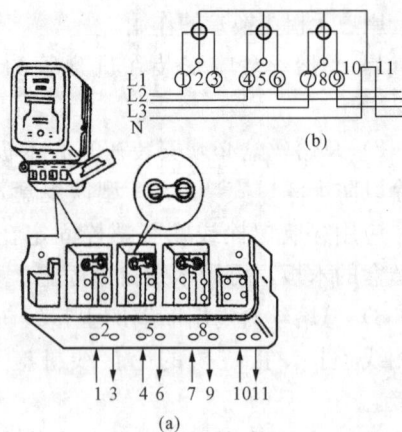

图 3-31 直接式三相四线电能表的接线
(a) 接线外形图；(b) 接线原理图

3）电能表总线要求。电能表总线必须采用铜芯塑料硬线，其最小截面不得小于 $2.5mm^2$，中间不准有接头；自总熔丝盒到电能表之间的沿线敷设长度，不宜超过 10m。

4）电能表总线敷设方式。电能表总线必须明线敷设，采用线管安装时，线管也必须明装；在进入电能表时，一般按"左进右出"的原则接线。

4. 电子式电能表简介

在电力用户需求多元化的今天，伴随科学技术水平的高度发达，电子式电能表的应用日益广泛，正逐步取代感应式电能表的地位。目前，我国生产的电子式电能表型号繁多、功能丰富。其总的发展趋势是高可靠性、高精确度、高智能化，并能够为用户提供全面的系统解决方案。下面对几种常见的电子式电能表作简要介绍。

(1) 反窃电集中式电子电能表。

反窃电集中式电子电能表是一种全电子式智能化多用户电能表，广泛用于工矿企业、城乡居民小区、学生公寓、农网、旧楼改造。该类型电能表采用集成计量芯片，能准确计量正负两方向的有功电能，且以同一方向累计，具有防窃电功能。并且能够通过远程抄表系统进行联网抄表，也可通过红外抄表器红外抄表。

(2) 复费率集中式电子电能表。

复费率集中式电子电能表采用全模块化结构，以单片微控器为核心，采用分流器方式，每户一个计量模块，能同时计量多用户的用电量，以同一表盘循环显示用户的当前时段对应费率的用电量及各用户总用电量。并可实现手持式抄表器抄表、计算机联网抄表；可进行多个时段，多种费率的电能计量设定；能储存、查询当月及上月各费率的累计电量；断电后，电路后备供电电池具有给时钟电路供电功能。

(3) 电子式单相预付费电能表。

电子式单相预付费电能表采用微电子技术计量电能。电表采用全屏蔽、全密封结构，通过先进的单片机处理系统及 IC 卡进行数据的采集、处理和保存；性能稳定、精度高；整机抗电磁干扰能力强、数据存储可靠；低功耗、防窃电、高过载、长寿命、防非法拷卡，使用方便。该类表适用于物业管理部门对用户用电的电能计量和管理。采用 IC 卡预付费，替代了传统的人工抄表，可实现用电自动化收费管理，解决电费拖欠问题。

二、工具及材料

1. 工具

常用电工工具 1 套、万用表 1 块、电钻 1 把。

2. 材料

木制配电板 1 块、单相电能表 1 块、三相四线电能表 1 块、空气开关 1 台、二极胶盖闸刀 1 个、插式熔断器 2 个、导线及电工敷料。

三、三相小容量配电板安装操作步骤

（1）绘制单相、三相电能表接线的三相小容量配电板的原理接线图。

（2）绘制面板器件布置图。面板器件布置见图 3 - 26 （a）。板面上器件之间的距离应满足表 3 - 13 的要求。

表 3 - 13　　　　　　　　　　　配电板上各器件间距离

相邻设备名称	上下距离（mm）	左右距离（mm）	相邻设备名称	上下距离（mm）	左右距离（mm）
仪表与线孔	80		指示灯与设备	30	30
仪表与仪表		60	熔断器与设备	40	30
开关与仪表		60	设备与边板	50	50
开关与开关		50	线孔与边板	30	30
开关与线孔	30		线孔与线孔	40	

（3）板面器件安装。

按照表 3 - 26 （a）的要求将单相电能表、三相电能表、空气开关、二极胶盖闸刀、插式熔断器位置确定之后，用铅笔作上记号，并在穿线的位置钻孔，然后用木螺栓将这些器件固定在已确定的位置上，然后按图 3 - 26 （a）接线。

（4）质量检查。

1）元器件位置是否安装正确，其倾斜度不能超过 1.5～5mm。

2）元器件安装是否牢固，稍加用力摇晃无松动感。

3）同类元器件安装方向是否保持一致。

4）配线长短是否适当，线头在接线柱上压接不得压住绝缘层，压接后裸线部分不得大于 3mm。

5）凡与有垫圈的接线柱连接，线头必须做成羊眼圈，且羊眼圈略小于垫圈。

6）线头压接牢固，稍加用力不应有松动感。

7）走线横平竖直，分布均匀。转角圆成 90°，弯曲部分自然圆滑，弧度全电路保持一致；转角控制在 90°±2°。

四、考核评分

小容量电能表配电板安装考核评分见表 3 - 14。

表 3 - 14　　　　　　　小容量电能表配电板安装操作考核评分表

班级：　　　　姓名：　　　　　　考核项目：小容量电能表配电板安装

序　号	内　容	评　分　标　准	分值	得分
1	绘图	图纸不整洁、画错	15	
2	定位	整体定位合理、美观，不符合要求酌情扣分	5	

序　号	内　容	评 分 标 准	分值	得分
	元件固定	元器件固定牢固，无松动，发现一处扣5分	5	
3	布线	走线合理、剥皮适当、横平竖直不符合要求酌情扣分	20	
4	单相电能表接线	接线正确5分 导线截面选择合理5分 线路敷设美观合理5分	15	
	三相电能表接线	接线正确5分 导线截面选择合理5分 线路敷设美观合理5分	15	
5	带负荷通电验收	通电发生短路不记分 电能表不显示扣10分	15	
6	时间180min	每超过10min扣5分，不满10min算10min	10	
7	总分		100	

第 四 章

低压控制电路安装操作实训

第一节 常用低压电器

低压电器是指用于额定电压交流 1200V 或直流 1500V 及以下，在电气线路中起控制、保护、测量、转换和调节作用的电器设备，以及利用电能来控制、保护和调节非电过程和非电装置的用电设备。

一、负荷开关

负荷开关分开启式负荷开关和封闭式负荷开关两种类型。

（1）开启式负荷开关（瓷底胶盖隔离开关）

（1）用途和分类。开启式负荷开关没有专门的灭弧装置，是利用胶木盖来防止电弧灼伤的。常用的有 HK 系列产品，主要在交流频率 50Hz，电压 380/220V、短路电流不大的线路中作不频繁带负荷操作和短路保护之用，其结构如图 4-1 所示。

负荷开关型号含义如下：

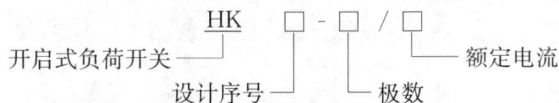

```
        HK □-□/□
开启式负荷开关        额定电流
     设计序号  极数
```

（2）开启式负荷开关的选择。

1）电压和极数选择。用于控制单相负载时，选用 220V 二极开关；用于控制三相负载时，选用 380V 三极开关。

图 4-1　HK 系列开启式负荷开关
1—瓷柄；2—动触头（闸刀）；3—胶盖紧固螺钉；4—熔体；5—出线座；6—瓷底；7—静触头（进线夹座）；8—胶盖

2）额定电流的选择。用于控制照明电路时，其额定电流应等于或大于各负载的额定电流之和；若用于控制电动机时，其额定电流应取最大一台电动机额定电流的 3 倍加其余电动机额定电流之和；若只控制一台电动机，则其额定电流应取电动机额定电流的 3 倍。

（3）开启式负荷开关的安装与使用。

1）开启式负荷开关必须垂直安装在开关板上，并要使静触头位于上方，使手柄向上推为合闸，不准倒装和横装。

2）电源进线必须接在开关上方的静触头进线座，接负载的引出线应接在开关下方的出线座，不能接反，否则更换熔丝时容易发生触电事故。

3）更换熔丝必须在开关断开后进行，更换的熔丝材质、规格要符合要求。

4）动触头与对应静触头接触的地方应成直线，不应歪扭。三极开关在合闸时要保持三相触刀同步。静触头与刀片要有足够的接触压力，保证动静触头的接触良好。

5）分断负载时，应尽快拉闸，以减小电弧的影响。

2．封闭式负荷开关（铁壳开关）

（1）用途和分类。封闭式负荷开关适用于各种配电设备中，供手动不频繁接通和分断带

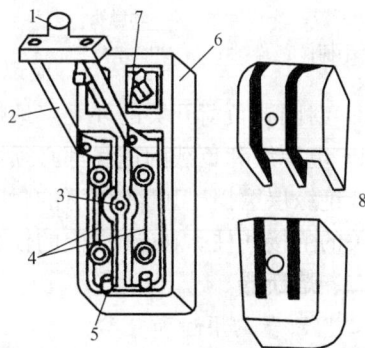

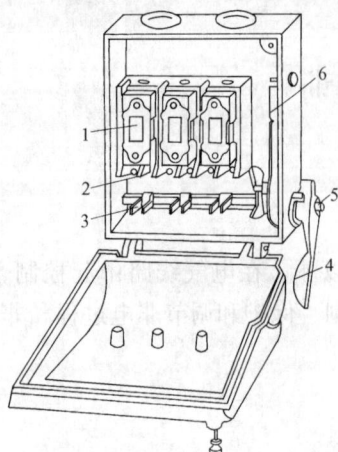

图 4-2　封闭式负荷开关

1—熔断器；2—静触头；3—动触头；
4—手柄；5—转轴；6—速断弹簧

负载的电路，具有短路保护的作用。由刀开关、熔断器和快速动作机构组成，并有连锁装置，使刀开关闭合后不能开启盒盖，因此使用和操作比较安全。常用的封闭式负荷开关为 HH 系列产品，其结构如图 4-2 所示。

（2）封闭式负荷开关的型号含义如下：

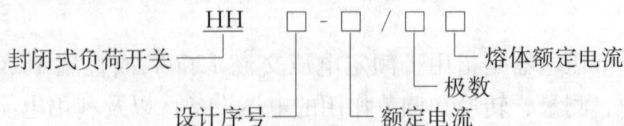

$$HH\ \square - \square / \square\square$$

封闭式负荷开关——HH

设计序号

额定电流

极数

熔体额定电流

（3）封闭式负荷开关的安装与使用。

1）封闭式负荷开关可安装在墙上、钢支架上或其他结构上。若安装在墙上时要先预埋好固定螺栓；若固定在支架上要先将支架埋在墙上，然后用螺栓把开关固定在支架上。

2）封闭式负荷开关必须垂直于地面安装，安装的高度应以手动操作方便为宜，一般距地面 1.3～1.5m 左右。

3）封闭式负荷开关的外壳接地螺栓必须可靠接地。

4）电源线和负载的进线都必须穿过开关的进出线孔，并在进出线孔加装橡胶垫圈以防止导线绝缘层磨损。100A 以下的封闭式负荷开关，电源进线应接在开关的下接线柱，出线接开关的上接线柱。100A 以上的铁壳开关接线则与此相反。

二、熔断器

1. 熔断器的用途和分类

熔断器是低压配电中用作过载和短路保护的电器，它串联在电路中使线路和电气设备免受很大的过载电流和短路电流的损害。

熔断器主要由熔体和绝缘管（座）组成。绝缘管除安装熔体外，还具有灭弧作用。熔体常做成丝状或片状。在小电流情况下，熔体一般选用铅锡合金等低熔点材料；在大电流情况下，熔体选用银、铜等高熔点材料。当通过熔体的电流达到额定电流的 2 倍时，约 30～40s 后熔体熔断；当电流达到 8 倍以上时熔体则瞬时熔断。因此，熔断器可以有效地进行短路保护。

熔断器按结构型式通常可以分为瓷插式、无填料密封管式、螺旋式和有填料密封管式，如图 4-3 所示。

熔断器的型号含义如下：

$$R\ \square\square - \square / \square$$

熔断器——R

结构型式

设计序号

熔断器额定电流

熔体额定电流

（结构型式有：C——瓷插式；L——螺旋式；M——无填料封闭管式；T——有填料封闭管式；S——快速式；Z——自复式）

2. 熔断器的安装与使用

（1）熔断器的安装应保证各导电连接部位接触良好，以免使熔体温度的升高而发生误动作。此外，接触不良还会产生电火花，干扰弱电装置。

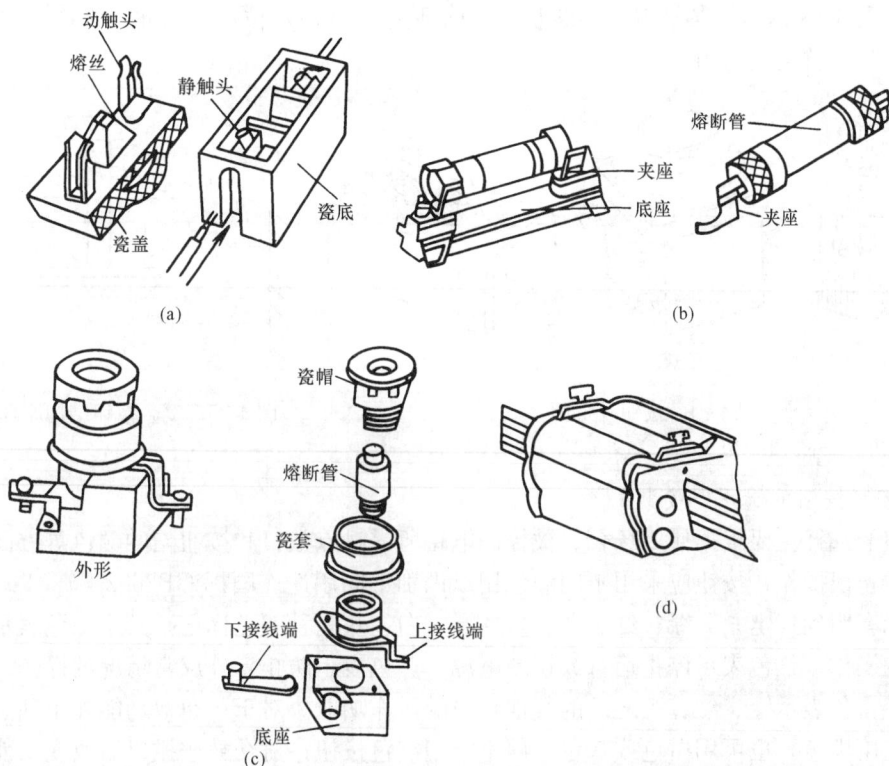

图 4-3　熔断器的结构

(a) 瓷插式；(b) 无填料密封管式；(c) 螺旋式；(d) 有填料密封管式

（2）安装螺旋式熔断器时，应将电源进线接在瓷底座的下接线端上，出线应接在螺纹壳的上接线端上。这样在旋出瓷帽更换熔芯时，金属螺口不带电，有利于操作人员的安全。

（3）安装熔体时，要检查熔体不能有机械损伤，否则相当于熔体截面减小、电阻增加，熔体的额定电流减小，保护特性变坏。

（4）更换熔体时应换上同型号同规格的熔体，不可任意自行更换熔体。

（5）对运行中的熔断器应经常检查，以便及时发现故障。

三、控制按钮

1. 控制按钮的用途和分类

控制按钮属于主令电器，通过它的触点通断状态来发布控制命令，改变电气控制系统的工作状态。它适用于电流 5A 及以下的电路中。一般情况下，按钮不直接操纵主电路的通断，而是在控制电路中发出"指令"，去控制接触器、继电器等自动电器，再由他们去控制主电路；控制按钮也可用于电器连锁等线路中。

控制按钮按用途和触点的不同分为停止按钮（动断按钮）、启动按钮（动合按钮）和复合按钮（动合和动断组合按钮）；常用的有 LA 系列，常见外形如图 4-4 所示。

以复合按钮为例，其结构原理如图 4-5 所示。

图 4-5 中，1-1 和 2-2 是静触点，3-3 是动触点，图中各触点的位置是自然状态。静触点 1-1 由动触点 3-3 接通而闭合。2-2 断开。工作时，将按钮往下按，动触点 3-3 向下移动，首先使静触点 1-1 断开，然后接通静触点 2-2；松手后在按钮帽 4 下方弹簧的作用

下，动触点 3-3 返回，各触点的通断状态又回到图 4-5 所示位置。因此，常把 1-1 称为动断触点，2-2 称为动合触点。

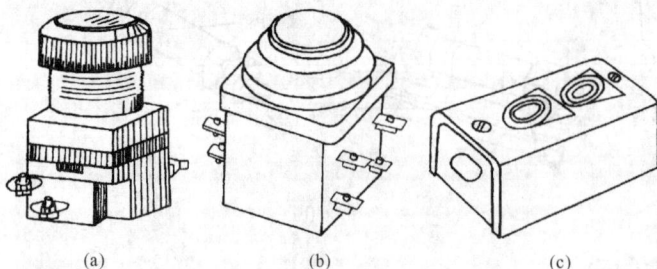

图 4-4　按钮外形图
(a) LA19-11 外形图；(b) LA18-22 外形图；(c) LA10-2H 外形图

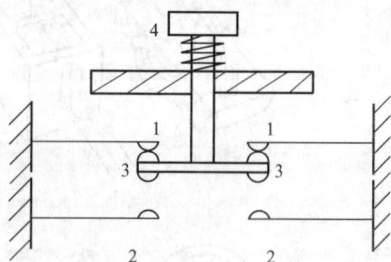

图 4-5　复合按钮结构原理图

2. 控制按钮的选用与安装

按钮的选择主要根据使用场合、被控制电路所需触点数目和按钮帽的颜色等方面综合考虑。为防止误操作，按钮应采用不同颜色用以识别不同用途。国标 GB2682—1981 对按钮采用的色标有明确规定，分绿、红、黄、蓝、黑、白、灰七种颜色标记。其中绿色表示接通电源或启动操作；红色表示停止运行或切断电源；黄色表示防止意外反常情况的操作，如紧急停止等；蓝色表示绿、红、黄之外的其他特设的操作功能。对于一钮双功能如单独点动控制时推荐使用黑色，也可用白色或灰色，但不能用红色按钮；对交替按掀以后改变功能，如控制电动机正反转及停止时，三联按钮应选用黑（正转）、白（反转）、灰（停止）色标的按钮。对过去使用的红、绿、黑色三联按钮应予废止。

按钮安装在面板上应布置合理、排列整齐。可根据生产机械或机床启动、工作的先后顺序，从上到下或从左到右依次排列。如果它们有几种工作状况，如上、下；前、后；左、右；松、紧等，应使每一组相反状态的按钮安装在一起。安装按钮的按钮板和按钮盒必须是金属的，并与机械的总接地母线相连，悬挂式按钮应有专用接地线。

四、交流接触器

1. 交流接触器的用途和型号

交流接触器是用电磁原理实现低压电路的接通与分断的控制电器。它动作迅速，操作方便、灭弧性能好，便于远距离控制和频繁操作，广泛应用于电动机、电焊机、电热设备、机床等控制电路中。因交流接触器只能接通与分断电路的负荷电流，不具备短路保护、过载保护的作用，所以必须与熔断器、热继电器等保护电器配合使用。

交流接触器在用的传统产品有 CJ8、CJ10、CJ12 等，更新换代的有 CJ20 系列；目前引进的产品主要有 B 系列、3TB 系列交流接触器。常用的接触器外形如图 4-6 所示。

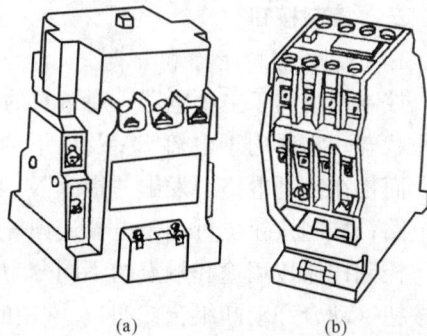

交流接触器的型号含义如下：

图 4-6　常用交流接触器的外形
(a) CJ20 系列接触器；(b) 3TB 系列交流接触器

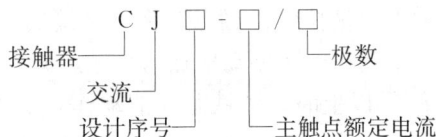

　　2．交流接触器的结构与工作原理

　　（1）结构。

　　交流接触器主要由触点系统、电磁系统和灭弧装置等组成。

　　1）触点系统。接触器的触点用来接通和断开电路。按其接触情况可以分为点接触式、线接触式和面接触式三种，分别如图4-7（a）、（b）和（c）所示。按其结构形式分，有桥式触点和指形触点两种，如图4-7（d）和（e）所示。交流接触器一般采用桥式触点，两个触点串于同一电路中，同时接通或断开。指形触点通断时动触点能沿静触点

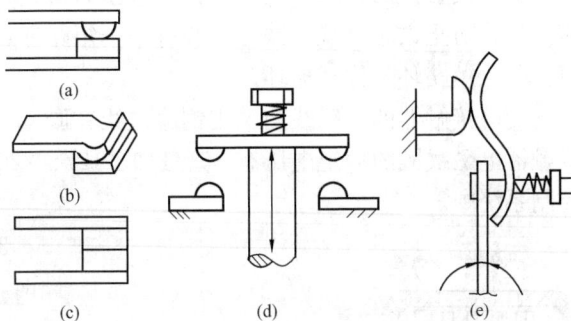

图4-7　触点接触形式结构图

（a）点接触；（b）线接触；（c）面接触；（d）桥式；（e）指形

滚动并有一点滑动。因为铜表面容易氧化而生成一层不易导电的氧化铜，故在触点处嵌有银片，氧化后的银片导电性能仍然很好。为了使触点接触的更紧密，减小接触电阻，并消除开始接触时发生的振动，在触点上装有弹簧，以随触点的闭合逐渐加大触点间的压力。

　　根据用途的不同，交流接触器的触点分为主触点和辅助触点两种，其结构如图4-8所示。

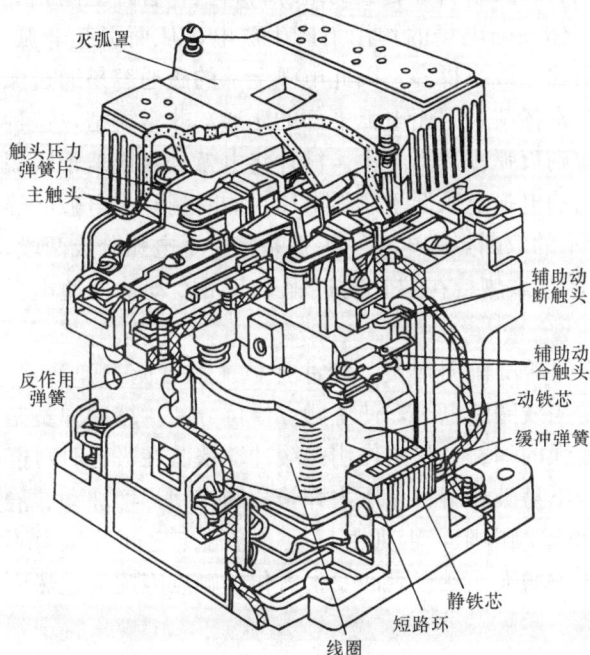

图4-8　交流接触器结构图

　　主触点用于通断电流较大的主电路，一般由接触面较大的常开触点组成。接触器额定电流在100A以上通常采用指形主触点，100A以下接触器采用桥式主触点。辅助触点用于通断电流较小的控制电路，它由常开触点和常闭触点成对组成。当交流接触器未工作或电磁线圈未通电时处于接通状态的触点称为动断触点；当交流接触器未工作或电磁线圈未通电时处于断开状态的触点称为动合触点。

　　2）电磁系统。电磁系统用来操纵触点的闭合和分断，它由电磁线圈、静铁芯、动铁芯（衔铁）等组成。其中动铁芯与动触点支架相连。电磁线圈通电时产生磁场，使动、静铁芯磁化产生磁场而互相吸引，当动铁芯被吸引向静铁

芯时，与动铁芯相连的动触点也被拉向静触点，将电路接通。电磁线圈断电后，磁场消失，动铁芯在复位弹簧力的作用下复位，牵动动触点与静触点分离，分断电路。通常当加到电磁线圈的电压是额定电压的85％以上时，动铁芯才能动作，所以当电源电压过低时，动铁芯不能吸合。因为电磁线圈有这一特性，所以交流接触器具有失压保护作用，电压过低或停电时能自动断开电路。

交流接触器的铁芯一般用硅钢片叠压后铆成，以减少交变磁场在铁芯中产生的涡流与磁滞损耗，防止铁芯过热。铁芯上装有一个短路环，以减少交流接触器吸合时产生的振动和噪声，因此短路环又称减振环。

交流接触器的电磁线圈采用铜漆包线在胶木骨架上绕制而成，外面用黄腊带封装绝缘。接触器电磁线圈的额定电压有36、110、127、220、380、460和660V七种，适用于不同的控制系统中。

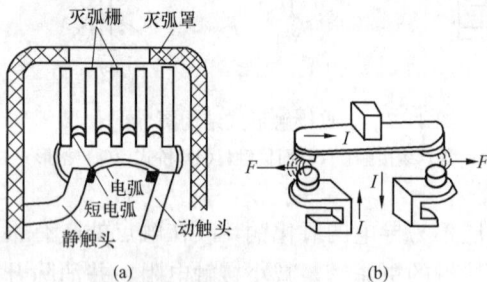

图 4-9　灭弧原理图
(a) 栅片灭弧；(b) 双断点和电动力灭弧

3）灭弧装置。交流接触器在分断大电流电路时，往往会在动、静触点之间产生很强的电弧。电弧的产生，一方面会烧伤触点，一方面会使电路的切断时间延长，甚至会引起其他事故。因此，灭弧是接触器必须要采取的措施。容量较小（10A 以下）的交流接触器一般采用的灭弧方法是双断点和电动力灭弧，如图 4-9（b）所示。容量较大（20A 以上）的交流接触器一般采用灭弧栅灭弧，其结构如图 4-9（a）。

灭弧栅片由薄铁板制成，表面镀铜以防生锈，安装在石棉水泥制成的灭弧罩内或陶土、耐弧塑料等制成的绝缘材料上，各片之间相互绝缘。当动触点与静触点分开时，触点间气体在强电场的作用下产生放电，从而引起电弧，电弧的周围也产生磁场。由于薄铁板的磁阻比空气小得多，因此电弧上部的磁通容易通过弧栅而形成闭合磁路，于是电弧上部的磁通非常稀疏，因而电弧下部的磁通却非常稠密，这种上稀下密的磁通产生向上运动的力把电弧拉到灭弧栅片当中去。栅片将电弧分割成若干段短弧，每个栅片就成为短电弧的电极，栅片间的电弧电压低于燃弧电压，同时栅片将电弧的热量散发，促使电弧熄灭。如图 4-9（b）所示的双断点和电动力灭弧是将整个电弧分成两段，同时利用触点本身的电动力 F 把电弧拉长，电弧热量在拉长的过程中散发冷却从而使电弧熄灭。

4）其他附件。交流接触器的辅助零件包括反作用弹簧、缓冲弹簧、触点压力弹簧片、传动机构和接线桩等。反作用弹簧的作用是当线圈断电时，使主触点复位分断。缓冲弹簧是安装在静铁芯与胶木底座之间的一个刚性较强的弹簧，它的作用是缓冲动铁芯在吸合时对静铁芯的冲击，从而保护胶木外壳免受冲击、不易破坏。触点压力弹簧片的作用是增加动、静触点之间的压力，从而增大接触面积，减小接触电阻，否则由于动、静触点之间的压力不够，使动、静触点之间的接触面积减小，压力增大，触点表面发生氧化，触点因此会过热而灼伤。

（2）工作原理。

交流接触器是利用电磁吸力使可动部分带动执行元件（触点）动作实现操作的。其工作原理如图 4-10 所示。当交流接触器电磁系统中的线圈（6、7 间）通入交流电后，铁芯 8 被磁化产生大于反作用弹簧 10 弹力的电磁力，将衔铁 9 吸合，一方面带动了触点 1、2、3 分别与主触点 11—21、12—22、13—23 闭合接通主电路；另一方面带动触点 4、5 首先分别与动断辅助触点 16—26、17—27 断开，然后分别与动合辅助触点 14—24、15—25 闭合。当电磁线圈断电或外加电压太低时，在反作用弹簧 10 的作用下衔铁释放，动合主触点断开，动合辅助触点断开，动断辅助触点恢复闭合。

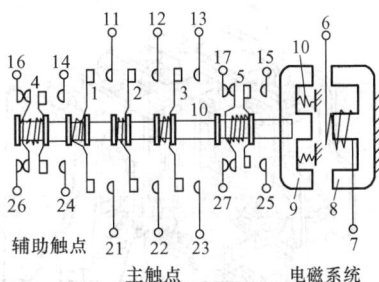

图 4-10 交流接触器工作原理图

3. 交流接触器的选择与安装

（1）交流接触器的选择。

1）选择接触器电磁线圈的电压。如果控制电路比较简单，所用接触器的数量较少，则交流接触器线圈的额定电压一般选用 380V 或 220V。如果控制电路比较复杂，使用的电器元件又较多，为安全起见线圈的额定电压可以选的低一些，这时需加一个控制变压器。同一系列同一容量等级的接触器，其电磁线圈的额定电压有好几种，在选用时应该注意，控制变压器输出电压应与接触器电磁线圈电压一致。

2）选择接触器主触点的额定电压。被选用的接触器主触点的额定电压应大于或等于负载的额定电压。

3）选择接触器主触点的额定电流。被选用的接触器主触点的额定电流应不小于负载电路的额定电流。如果接触器是用来控制电动机的频繁启动、正反转等，应将接触器主触点的额定电流降低使用，一般可以降低一个等级。

（2）交流接触器的安装。

1）交流接触器的安装环境要求清洁、干燥，安装位置不得受到剧烈振动。因为剧烈振动容易造成触头抖动，严重时会发生误动作。

2）安装前检查交流接触器的型号、技术数据是否符合使用要求，检查线圈的电压是否与电源的电压相符。

3）安装前将铁芯板面上的防锈油擦净，防止油垢黏滞造成断电后衔铁不能释放。

4）安装的交流接触器要与地面垂直，倾斜度不大于 5°。并且要留有适当的飞弧空间，避免烧坏相邻的电器。

5）安装中防止将螺帽、垫圈等零件落入接触器内，以免造成机械卡阻或短路故障。

五、中间继电器

中间继电器是用来转换控制信号的中间元件，它输入的是电磁线圈的通电或断电信号，输出是触点的闭合或断开。它的触点数目较多，并且无主、辅之分，各触点的额定电流相同，多数为 5A，小型的为 3A。输入一个信号（电磁线圈的通电或断电）时，较多的触点动作，所以可用来增加控制电路中信号的数量。

中间继电器的基本结构、工作原理与 CJ10 系列的小型接触器基本相同，常用的为 JZ8 系列产品，结构如图 4-11 所示。主要由电磁线圈、动静铁芯、触点系统、变位弹簧、反作用弹簧等组成。常见的中间继电器触点有 8 对，分为 4 对动合触点和 4 对动断触点。如果控制电流在 5A 以下时，中间继电器可以作为一个小的交流接触器来使用。

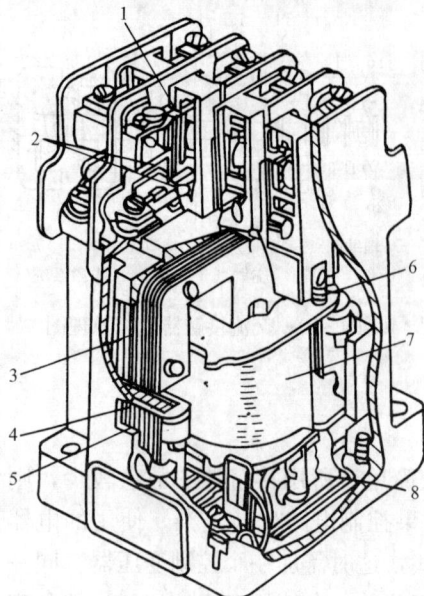

图 4-11　JZ8 系列中间继电器的结构

1—动合触点；2—动断触点；3—动铁芯；

4—短路环；5—静铁芯；6—变位弹簧；

7—线圈；8—反作用弹簧

六、热继电器

1. 用途和分类

热继电器是利用电流流经发热元件时所产生的热量，使双金属片受热弯曲，推动机构动作的一种低压电器。它常用于电动机的过载保护、断相保护以及三相不平衡保护。

电动机在运行过程中，如果长期过载、频繁启动、欠电压运行或断相运行等都可能使电动机的电流超过它的额定值。如果超过额定电流的数值并不大，熔断器不会熔断，这样将会引起电动机过热损坏绕组绝缘，缩短电动机的使用寿命，严重时还会烧坏电动机。因此必须对电动机采用过载保护措施，最常用的就是利用热继电器进行过载保护。

目前，我国广泛使用的热继电器有 JR9、JR16 等系列，引进的产品有 T 系列、UA 系列。

热继电器常见的型式有双金属片式和热敏电阻式。双金属片式利用膨胀系数不同的两种金属轧制成双金属片，在受热后弯曲去推动杠杆，并带动触点动作；热敏电阻式是利用某种材料的电阻值随温度变化而变化的物理特性制成的热继电器。其中，双金属片式应用最广泛，常与接触器组合在一起构成磁力起动器。

热继电器按额定电流等级分为：10、40、100、160A 四种；按极数分为二极式和三极式两种，其中三极式又可分为带断相保护的和不带断相保护的两种。

2. 热继电器的技术性能

（1）电流—时间特性（安—秒特性）。

该特性用来表示热继电器的动作时间与通过电流之间的关系，其特性曲线为反时限的，即过载电流与额定电流的比值越大，热继电器动作时间越短。它应满足下列要求：

1）当电动机正常工作时，热继电器不应发生动作。

2）电动机过载时，热继电器的动作时间不应过长，以免电动机绕组损坏。但也不能动作过快，以充分发挥电动机的过载能力。

3）能避开交流感应电动机的启动电流而不发生误动作。

（2）温度补偿范围。

当环境温度变化时，热继电器的温度补偿装置可以有效地减小整定电流值的变化，温度补偿范围一般为+40～-25℃。

（3）热稳定性。

在最大整定电流时，额定电流 100A 及以下的热继电器通 10 倍最大整定电流，而对 100A 及以上的，通 8 倍最大整定电流，要求继电器应可靠动作 5 次。

（4）触点寿命。

JR16 系列热继电器常闭触点额定电流为 5A，常开触点额定电流为 1.5A。在最大整定电流位置时，动作 1000 次后，其动作特性仍应符合要求。

（5）电流调节范围。

一般为 $66\%\sim100\%$，最小为 $50\%\sim100\%$。

（6）复位时间自动复位时间不应大于 5min，手动复位不应大于 2 min。

3. 热继电器的结构

热继电器的外形和结构如图 4-12 所示。它主要由热元件、触点系统、动作机构、复位按钮和整定电流装置组成。热继电器的触点系统具有一副动合触点和一副动断触点。接线柱 1 和 2 为动合触点，2 和 3 为动断触点，2 是公共接线柱。整定电流装置用来调节整定电流的数值。热继电器的整定电流是指热继电器长期不动作的最大电流值，超过该值就要动作。

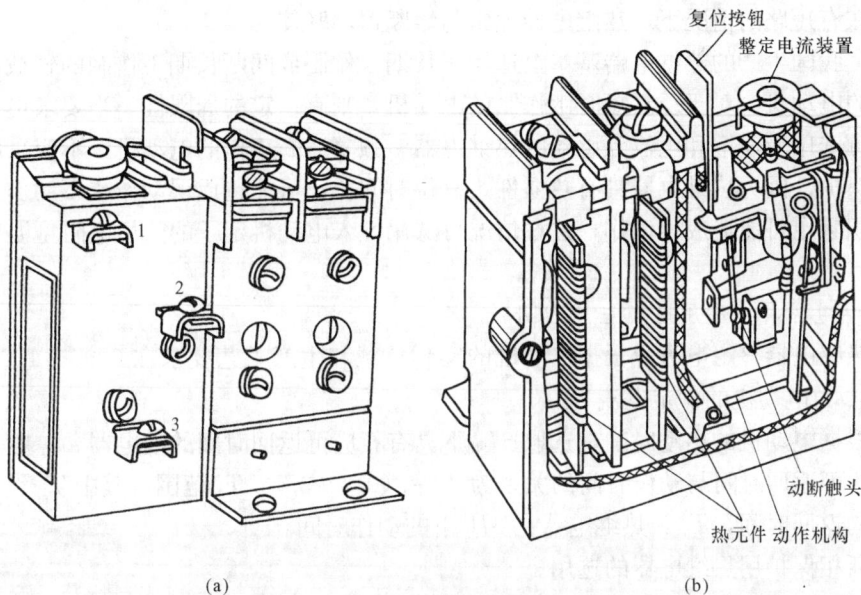

图 4-12　热继电器

(a) 外形；(b) 结构

JR16 系列热继电器的内部结构如图 4-13所示。加热元件和主双金属片 5 与电动机主回路串联，当出现三相过载时，主双金属片受热弯曲，推动外导板 6 并带动内导板 7 左移，通过补偿双金属片 12 及推杆 13，使动触点 9 与常闭静触点 8 分开，从而切断电动机控制回路，使其主电路分断，达到保护电动机的目的。

图 4-13 (b) 为带有断相保护的差动导板结构图。当被保护电动机有一相断相时，串联于该回路的补偿双金属片 12 冷却向右移动，带动内导板 7 也右移，由于外导板 6 在其他两相的双金属片作用下保持在左移位置，从而通过杠杆 10 产生差动作用，达到加速动作保护电动机的目的。

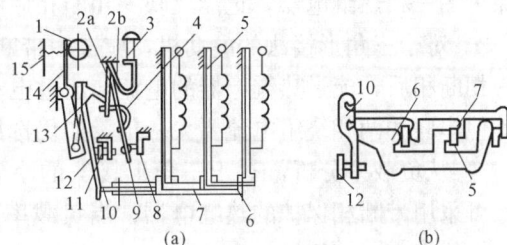

图 4-13　JR16 系列热继电器及其差动导板的结构图

(a) 热继电器的结构；(b) 差动导板的结构

1—电流调节凸轮；2—簧片（2a、2b）；3—手动复位按钮；4—弹簧片；5—主双金属片；6—外导板；7—内导板；8—动断静触点；9—动触点；10—杠杆；11—动合静触点（复位调节螺钉）；12—补偿双金属片；13—推杆；14—连杆；15—压簧

因为这种热继电器装有补偿双金属片，所以其在＋40～－30℃范围内的动作特性受周围环境温度变化影响很小。

4. 热继电器的选用

热继电器主要用于电动机的过载保护。选用时务必掌握电动机的工作环境、负载性质、启动情况、工作制式以及电动机允许的过载能力等，应使热继电器的安—秒特性位于电动机的过载特性之下，并尽可能接近甚至重合，这样有利于充分发挥电动机的潜力，同时使电动机的短时过载和大电流启动瞬间不受影响。

双金属片式热继电器一般不能可靠地保护短路故障，因为热元件很容易被短路电流烧坏。所以在有短路的情况下，热继电器通常与熔断器串联使用。

目前，我国生产的热继电器基本上适用于长期工作制或间断长期工作制的轻载，或一般负载启动的电动机。对于反复短时工作制的电动机，则有一定的局限性。当要求更高的操作频率时，可选用带速饱和电流互感器的热继电器。频繁通断工作的电动机，不应采用热继电器作过载保护。因为热继电器具有热惯性，复位时间长，可能造成误动作或不动作，同时由于热量的积累也可能造成误动作，这种情况可选用埋入电动机定子的热敏电阻型温度继电器来保护。

5. 热继电器具体选用时应注意的问题

(1) 热继电器整定电流应根据电动机的实际负载和生产工艺要求在 $0.95\sim1.05I_N$ 范围内调整（I_N 为电动机的额定电流）。

(2) 根据电动机的启动时间，选取 $6I_N$ 下具有相应可返回时间的继电器。一般热继电器在 $6I_N$ 下的可返回时间与动作时间的关系为 $T_r=$（$0.5\sim0.7$）T_a 范围。其中 T_r 为热继电器在 $6I_N$ 下的返回时间，T_a 为热继电器在 $6I_N$ 下的动作时间。

(3) 断相保护用热继电器的选用。

1) 对星形接法的电动机，一般的三极热继电器即可保护。因为星形接法的电动机有一相断相后，流过热继电器的电流与电动机非故障相电流增加比例是一致的，所以使用不带断相保护的三相热继电器，也能反映一相断相后的过载，起到断相保护的作用。

2) 对于三角形接法的电动机，应选用带断相保护的热继电器。因为三角形接法的电动机一相断相后，流过热继电器的电流与流过电动机绕组的电流是不同的。其中最严重的一相比其他串联的两相绕组电流要大一倍，如仍选用一般的三极热继电器，就起不到保护作用。

3) 从负载率分析，对于三角形接法的小容量鼠笼式电动机在 $50\%\sim67\%$ 负载下运行时，可采用带断相保护的热继电器；当负载率大于 67% 时，不采用带断相保护用的热继电器，也能实现断相保护；当负载率小于 50% 时，因为电流很小，一般不会损坏电动机。

4) 如有可能将三个热元件分别串联在三角形接法的各相绕组中，则一般的三极热继电器也能实现断相保护，但此时热继电器的整定电流应按绕组额定电流的 0.58 倍计算。

6. 热继电器的安装和使用

(1) 热继电器与其他电器装在一起时，应尽可能将其装在其他电器的下方，并把盖子盖好，以免其动作特性受其他电器发热的影响。

(2) 热继电器的连接导线要符合说明书的规定。因为导线的材料和截面能影响热元件传导到外部热量的多少，选择不当会使热继电器的动作提前或滞后。

(3) 动作机构应正常可靠，可用手拨动 4～5 次进行观察。接线螺钉应压紧，触点必须接触良好。

（4）运行中的热继电器应定期通电试验，在发生短路及重大事故后应及时检查热元件和双金属片有无显著变形。

（5）运行中的热继电器应定期清洁，如有锈蚀，可用布蘸汽油轻擦，禁止用砂纸磨光。

七、时间继电器

1. 用途和分类

时间继电器从得到输入信号（线圈的通电或断电）开始，经过一定的延时后才输出信号（触点的闭合或断开），是一种自动控制电器。时间继电器的延时方式有两种：通电延时和断电延时。通电延时是指接收输入信号后延迟一定时间，输出信号才发生变化；当输入信号消失后，输出瞬时复原。断电延时是指接收输入信号时，瞬时产生相应的输出信号；当输入信号消失后，延迟一定时间，输出才复原。

常用的时间继电器按延时机构原理可分为电磁式、电动式、空气阻尼式、晶体管式等。其中，电磁式时间继电器的结构简单，价格低廉，但体积和重量较大，延时较短，并且只能用于直流断电延时；电动式时间继电器的延时精度高，延时可调范围大（由几分钟到几小时），但结构复杂，价格较贵。以下只介绍目前在电力拖动控制电路中，应用广泛、结构简单、价格低廉及延时范围较大的空气阻尼式时间继电器。

2. 结构与工作原理

空气阻尼式时间继电器是利用空气阻尼作用达到延时的目的，又叫气囊式时间继电器。

常用的有 JS7 系列产品，它主要由电磁系统、触点系统、气室及传动机构等部分组成。其结构与工作原理如图 4-14 所示。

电磁系统由电磁线圈、静铁芯、衔铁、反作用弹簧和弹簧片组成。

触点系统包括两对瞬时触点和两对延时触点。

气室主要由橡皮膜、活塞和气体组成。橡皮膜和活塞可随气室进气量移动。气室上面有一颗调节螺钉，可通过它调节气室进气速度的大小，从而调节延时的长短。

传动机构有杠杆、推杆、推板和宝塔弹簧等组成。

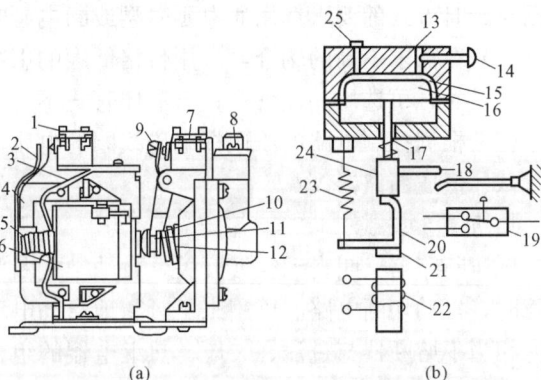

图 4-14 JS7 系列空气阻尼式时间继电器结构及工作原理
(a) 结构；(b) 工作原理
1—瞬时触点；2—弹簧片；3—铁芯；4—衔铁；5—反力弹簧；
6—线圈；7—延时触点；8—调节螺钉；9—杠杆；10—推板；
11—推杆；12—宝塔弹簧；13—进气孔；14—调节螺钉；
15—橡皮膜；16—活塞；17—弹簧；18—挡块；19—触点；
20—撑杆；21—衔铁；22—吸引线圈；23—反力弹簧；
24—胶木块；25—出气孔

当电路通电后，电磁线圈的静铁芯产生电磁力，使衔铁克服反作用弹簧的弹力被吸合，与衔铁相连的推板向右运动，推动推杆，压缩宝塔弹簧，使气室内橡皮膜和活塞缓慢向右移动，通过弹簧片使瞬时触点动作，同时也通过杠杆使延时触点做好动作准备。线圈断电后，衔铁在反作用弹簧的作用下被释放，瞬时触点复位，推杆在宝塔弹簧作用下，带动橡皮膜和活塞向左移动，移动速度由气室进气口节流程度决定，其节流程度可用调节螺钉完成，这样经过一段时间间隔后推杆和活塞到最左端，使延时触点动作。将时间继电器的电磁线圈翻转180°安装，即可将断电延时时间继电器改装成通电延时时间继电器。

　　3. 技术数据

　　JS7 系列空气阻尼式时间继电器的技术数据如表 4-1 所示。

表 4-1　　　　　　　　JS7 系列空气阻尼式时间继电器的技术数据

型　号	瞬时动作触点数量		有延时的触点数量				触点额定电压（V）	触点额定电流（A）	线圈电压（V）	延时时间范围（S）	额定操作频率（次/h）
			通电延时		断电延时						
	常开	常闭	常开	常闭	常开	常闭					
JS7-1A			1	1			380	5	AC 24、36、110、127、220、380	0.4～60 及 0.4～180	600
JS7-2A	1	1	1	1							
JS7-3A					1	1					
JS7-4A	1	1			1	1					

　　4. 时间继电器的选用

　　(1) 在选用时间继电器时首先应考虑满足控制系统所提出的工艺要求和控制要求，并应根据对延时方式的要求选用通电延时型或断电延时型。

　　(2) 在需求不高的场合，采用价格低廉的 JS7-A 系列空气阻尼式；对要求很高或延时时间较长时，可选用晶体管式；若晶体管式不能满足要求时，再考虑使用电动式。

　　(3) 根据控制电路电压选择电磁线圈的电压。

八、低压断路器

　　1. 用途和分类

　　低压断路器又叫自动空气开关、自动空气断路器，能够在电路发生过载、短路和欠压等故障时，自动切断电路。可用来不频繁地启动电动机，对电源线路或电动机实行保护。它的功能相当于熔断器与过流、欠压、热继电器的组合，而且在分断故障电路后一般不需要更换零部件，因此获得了广泛应用。

　　常用的低压断路器主要分为以下三类：

　　(1) 万能式断路器：具有绝缘衬垫的框架结构底座将所有的构件组装在一起，用于低压配电线路的保护，主要型号有 DW10、DW15 两个系列。

　　(2) 塑料外壳式断路器：用模压绝缘材料制成封闭外壳将所有构件组装在一起，用于低压配电线路的保护和电动机等用电器件的控制，主要型号有 DZ5、DZ10、DZ12、DZ20 等系列，其外形如图 4-15 所示。

　　(3) 模块化小型断路器：模块化小型断路器所有零部件都放置于一个绝缘壳中，在

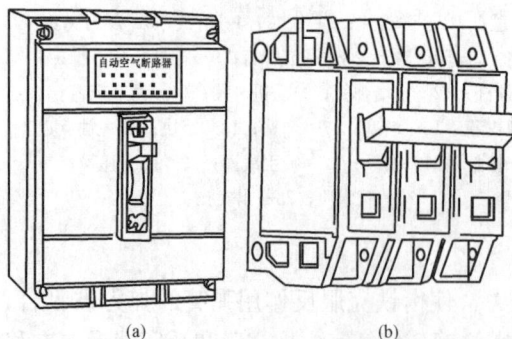

图 4-15　塑料外壳式断路器外形
(a) DZ10 外形；(b) DZ12 外形

结构上具有外形尺寸模块化（9mm 的倍数）和安装导轨化的特点，用于室内照明电路、电动机控制等电路中起保护与开关的作用，常用的型号有 C45、DZ47、MC 等系列，其外形如图 4-16 所示。

此外，有的低压断路器本身还具备漏电保护功能如 DZ 系列漏电型低压断路器；有的与漏电保护装置组合实现漏电保护作用如 C45 型。

2. 结构与工作原理

低压断路器主要由以下三部分组成：

（1）检测元件。通过各种保护性动作的部件，如过电流脱扣器、欠电压脱扣器等，检测电路中的异常状态、工作人员的指令或继电保护发来信号，作出反应并送到传递元件。

（2）传递元件。由检测元件送来的信号，通过操动机构、自由脱扣机构、传动装置和主轴等，进行力的转换和传递，最后送到执行元件。

（3）执行元件。由传递元件送来的力使断路器的触点和灭弧系统动作，执行电路合、分的最终任务。

图 4-16　模块化
小型断路器外形

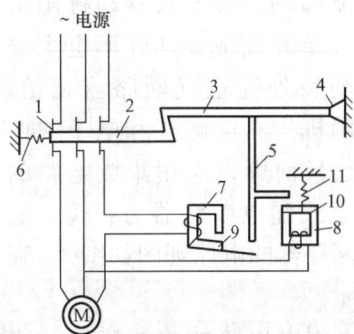

图 4-17　低压断路器的结构原理
1—主触点；2—传动杆；3—锁扣；
4—轴；5—杠杆；6—弹簧；
8、9、10—衔铁；11—弹簧

图 4-17 为低压断路器的结构原理图三个主触点通过传动杆及锁扣保持闭合，锁扣可绕轴转动。当电路处于正常运行时，过流脱扣器的电磁线圈虽然串在主回路中但是所产生的吸力不能使衔铁动作，而只有当电路发生短路或过载时，衔铁才能迅速吸合同时撞击杠杆，使锁扣脱扣，主触点被弹簧迅速拉开，由于它的电磁线圈是并联在主电路的，在规定的正常电压内使衔铁吸合，同时克服弹簧的拉力。当电路出现故障，电压降低时（通常为额定电压的 70% 以下）吸力减小，衔铁被拉开并撞击杠杆，使锁扣脱扣，主触点在弹簧的作用下迅速分断电路。

塑料外壳式断路器除装有过流脱扣器外，还装有双金属片制成的脱扣器。当电路发生过载并持续一定时间时，双金属片受热弯曲，将锁扣顶开使触点分断电路。

为提高系统供电的可靠性，目前采用新标准生产的断路器，要求其保护动作具有选择性。因此，在电磁式过流脱扣器上加装延时装置，通过时限的整定，可满足二段或三段保护的选择性配合，即过载长延时动作、短路短延时动作、特大电流短路瞬时动作。

3. 低压断路器的选用与安装

（1）低压断路器的选用。

低压断路器的额定电压应高于线路额定电压。用于控制照明电路时，电磁脱扣器的瞬时脱扣整定电流通常应为负载电流的 6 倍。用于电动机保护时 DZ 型低压断路器电磁脱扣器的瞬时脱扣整定电流应为电动机启动电流的 1.7～2 倍。用于分断或接通电路时，其额定电流和热脱扣器整定电流均应等于或大于电路中负载额定电流之和。选用低压断路器作多台电动机的保护时，电磁脱扣器整定电流为容量最大的一台电动机启动电流的 1.3 倍加上其余电动机额定电流之和。

（2）低压断路器的安装。

低压断路器根据标准规定要垂直安装，倾斜度不应大于 5°，不宜横置或水平安装，否则动作电流有 10% 的误差。其上下接线端必须按规定的导线连接；脱扣器整定的电流值及其他电气参数厂家已按要求调好，安装及运行中不应轻易改动。

九、漏电断路器

漏电保护断路器（简称漏电断路器、漏电开关）是近几年来出现的一种安全用电低压电器。小容量的多为单相两极，通常作为移动电具或家用电器的安全开关；大容量的多为三相三极或四极，通常作为低压电器设备的安全开关。前者作人身安全保障器件，后者作人身安全和电气火警的保障器件。

漏电断路器对电气设备的漏电电流极为敏感。当人体接触了漏电的用电器时，产生的漏电电流只要达到 10～30mA，就能使漏电断路器在极短的时间（如 0.1s）内跳闸，切断电源，有效地防止了触电事故的发生。

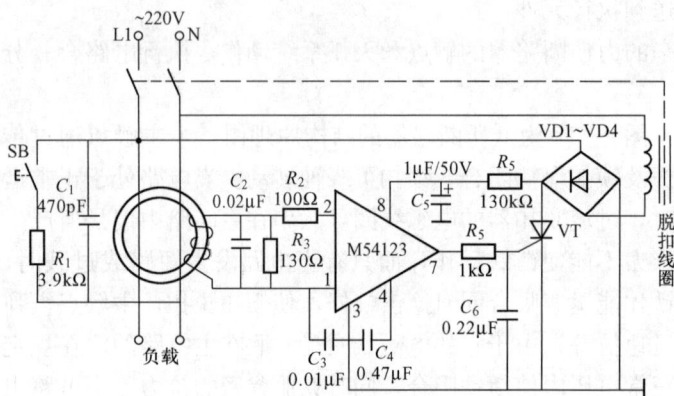

图 4 - 18　漏电断路器工作原理图

1. 漏电断路器的工作原理

漏电断路器是在一般空气断路器的基础上，增加了漏电电流检测、放大和驱动跳闸机构等单元而成。其外形也大致和塑料外壳空气断路器相仿。跳闸机构有电磁式和电子式两种。目前则以应用集成电路的电子式漏电断路器为普遍。漏电断路器的电原理图如图 4 - 18 所示。

漏电电流的检测应用了零序电流互感器。电流互感器的一次侧就是两根电源线（相线和中线）。在正常时（不漏电），由于一次侧的合成电流为零，互感器的二次侧绕组没有输出，跳闸机构不动作。但在用电器具漏电，而人体又接触了漏电的电器时，漏电电流就通过人体经大地回到供电变压器的中性点（三相四线制，中性点直接接地电网）。这部分电流是不流过互感器中的中性线的，故两根导线的合成电流不零，互感器的二次侧输出信号，经过线性集成电路（运算放大器）放大，从而触发晶闸管，驱动了断路器的跳闸机构。因此断路器跳闸，切断了电源。因为漏电断路器的漏电动作电流较小（10～30mA），漏电跳闸时间极短（0.1s），所以有效地保障了人身安全。

2. 漏电断路器的规格型号

有 DZL18－20（三极）和 DZ15L－40/390（三相三极）等。

3. 漏电断路器的选用及安装

（1）选用。

1）单相电器设备可选用两极的漏电断路器，但目前两极的漏电断路器的额定电压是 220V，故两相 380V 的电气设备不得使用。三相电气设备则选用三极或四极的漏电断路器。

2）漏电断路器的电流参数有主触头的额定电流值及额定漏电流动作值。额定电流值必须大于电气设备的额定电流值。当设备的额定电流值较小时，例如单相为 8A，则可选用额定电流为20A、整定电流值（热脱扣）为10A的DZL18—20型的漏电断路器。所用的漏电断路器，如果主要是作为安全防火，则漏电动作电流值可考虑选用50~100mA的漏电断路器。如果主要是作为人身安全保护用，则可选用漏电动作电流为30mA以下的漏电断路器。

（2）安装接线。

1）安装点的确定。漏电断路器的安装点，视其保护范围而定。如要对一个用电单元进行保护，则应安装在此用电单元的进电源处，作为电源（保护）开关。如仅对某用电器具进行保护，则可安装在此用电器具的电源来源处（如插座），作为保护开关。

2）安装及接线。由于漏电断路器属于塑料外壳断路器的范畴，其外形及安装方式均和一般低压断路器相似，故其安装方法与常用低压断路器相同。应注意的是其接线不能外露，故应装在电器设备内部或在其上另加外罩壳，在设备外表面或罩壳外表面开孔，使其操作手柄和试验按钮外露，以便操作。

漏电断路器的接线的特点是：不论单相三相电器设备，它的电源线都必须接到漏电断路器，而保护接地（如果有的话）则不经过开关。如单相、两极漏电断路器控制一单相220V电器设备，则相线及中线都必须通过开关，仍应按常规方法直接连接到设备的接地保护点。

漏电断路器是一种安全保障型电器，为了确保其性能，断路器上设有一个试验按钮，以检验其动作的可靠性。因此在断路器接线完毕投入使用前，应按压此实验按钮，断路器应能瞬间跳闸。

第二节　电气安装接线图绘制实训

电气安装接线图是表示电气设备安装位置和接线关系的电气图，是根据电路图和工程平面图绘制的电气系统的施工图。位置优先是绘制接线图的基本原则。

一、安装接线图的种类

集中安装在一个空间（如板、屏、箱、柜）的电气元件构成一个接线单元，在实际中电路图诸多元件往往存在于若干个接线单元，各接线单元经端子排由线缆相连。由元件构成单元，由单元构成系统整体。由此可将安装接线图分为两大类：①单元接线图，是反映接线单元内部元件布置与连接关系的安装接线图；②互连接线图。是反映接线单元在现场的布置与连接关系的安装接线图。

二、电气安装接线图的要求

第一，要按集中表现的原则，用简明图形表示出各项目分布的相对位置；第二，要表示出各项目之间的接线关系；第三，要表示出连接导线的型号、规格、长度、走向和敷设方式；第四，端子标记和导线标记要完整。

三、电气安装接线图的表现方式及绘制原则

电气安装图是一种为用户提供电气设备参数、安装条件、安装方法及安装注意事项的工程图样，是电器实际安装、接线的依据。一般包括电器位置图和电气接线图（互连图）两部分。实际上安装接线图是电器位置图和接线图的合称，电器位置图要解决的是"设备装在哪里"的问题，接线图要解决的是"设备间怎样连接"的问题，二者可采用共图式，也可以采用分图式。对不是十分复杂的系统，往往是采用共图式，这时的电气图就叫安装接线图。连接导线是安装接线图的主题之一，根据图的繁简程度，可采用连续线（即多线）表示、单线

表示和中断线表示。

1. 电气位置图

电气位置图是一种给出电气设备元器件详细安装位置的工程图样。图4-19为电动机点动控制线路的电器位置图。

电器位置图的绘制原则为：

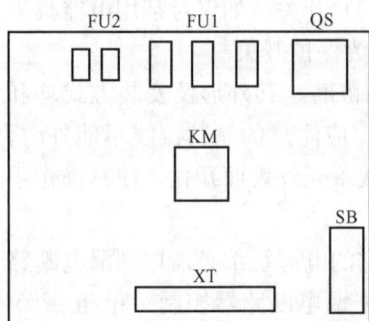

图4-19　电器位置图

（1）电气控制原理图是电器位置图绘制置图的主要依据，没有原理图，就没有位置图。

（2）所有电器元件一般都用矩形框来表示，而不需绘出电器的实际形状。

（3）根据元件类型、功能，按经济、美观、安全、方便的原则安排元器件的位置。"经济"是指所用器件少、线路短、减少浪费；"安全"是指元器件布局合理，导线间有安全距离，避免干扰，防止触电；"方便"是指便于接线、维修；"美观"是指高低有致，横平竖直。

（4）图中电器数量、代号应与电气原理图和电器清单上的所用电器数量、代号相同。

（5）电器排列应考虑用线量要最少，同时应考虑通风散热、避免电磁干扰等因素。

（6）在电器位置图中通常应留有10%以上的备用面积和线槽位置，以供改进设计时使用。

2. 电气接线图

电气接线图是一种用来表示电气设备各元件相对位置及其接线方法的工程图样。它主要用于安装接线、线路检查和故障维修，特别在具体施工和检修中能够起到电气原理图所起不到的作用。图4-20为电动机点动控制线路的电气接线图。

电气接线图的绘制原则为：

（1）接线图通常需要与原理图、位置图一起使用，相互参照。

（2）应正确表示电器元件的相互连接关系及接线要求。

（3）控制电路的外部连接应尽量使用接线端子排，电源的引入点应标明改变电压时接线的变动情况、保护线路的连接及相应的接线端子。

（4）应给出连接外部电气装置所用电线、保护管和屏蔽方法，并注明所用导线及保护管的型号、规格和尺寸。

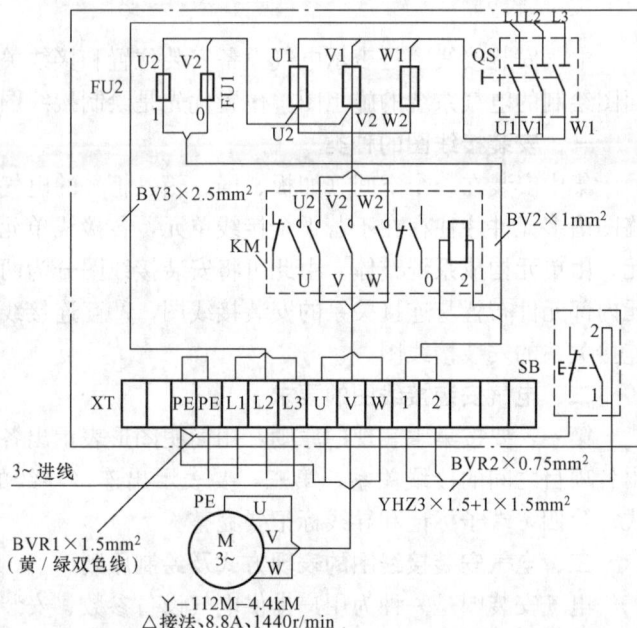

图4-20　电动机点动控制线路的电气接线图

（5）图中文字代号及接线端子编号应与原理图一致。

四、绘图步骤

1. 连接线连续表示方法

设备和元件之间连接线去向和接线关系用直接连通的方法为连续表示法，如图 4-21 所示。

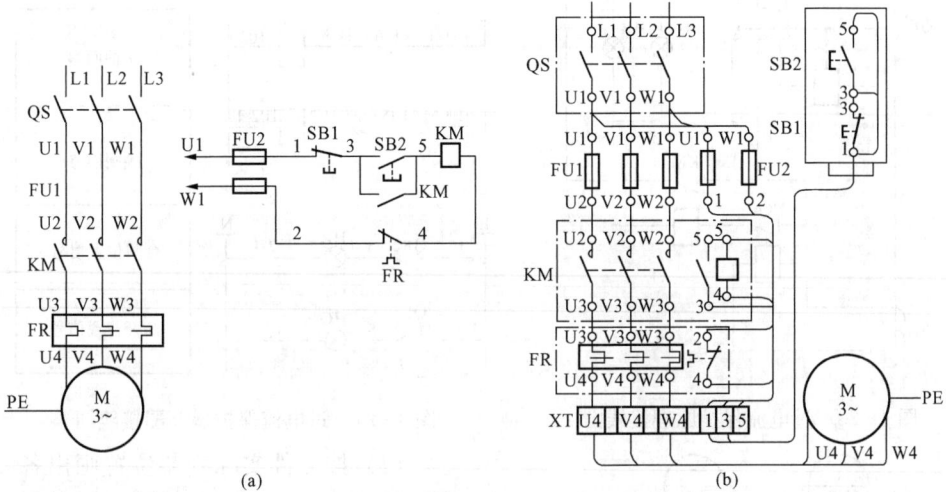

图 4-21　连接线连续表示法

(a) 电气原理图；(b) 电气安装接线图

（1）将电气装置中所有电气设备和电器元件，按安装场所大小、各元件的尺寸和实际安装位置进行排列，画出各元件的框图。从图 4-21（b）中可以看到，在左端是隔离开关 QS，中间是交流接触器 KM 和热继电器 FR，左下端子排 XT，右上端是按钮，右下端是电动机。每个元件用虚线框上，该元件（如图中的 KM）的主触点、线圈、辅助触点等都是画在框内。

（2）根据电气动作原理用直线把这些设备和元件按回路连接起来，然后都接到电源上，通常主回路用粗实线表示，控制回路用细实线表示。

（3）连接线可以用多线也可以用单线表示。为了避免线条太多，以保证图面的清晰，对于多条去向相同的连接线常采用单线表示法（束线法），如图 4-21（b）中 XT 与 M 连接和 XT 与按钮开关连接处都有采用单线表示法，实际接线时是一束，并不是一根。

2. 连接线中断表示法

中断表示法是将连接线在中间中断，再用符号表示导线的去向，如图 4-22 所示。

从图 4-22（b）可看出，接线图中，只画出元件的布置，不画连接线，两个元件接线端子之间的连接去向用符号表示。例如：-A 的 1 号接线端子上标记的是"B：2"，意思是该端连接线的另一端是 -B 的 2 号接线端，实际接线时把两个相关的端子用导线连接起来即可。这种方法简明，视图清晰，对较为复杂的控制线路尤为适用。

图 4-23 为供电线路过电流保护原理接线图，图 4-24

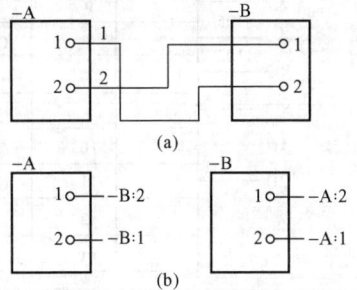

图 4-22　连接线中断表示法

(a) 连续表示法；(b) 中断表示法

为展开式原理图；与之对应的二次安装接线图为图 4-25，此接线图为中断表示法。

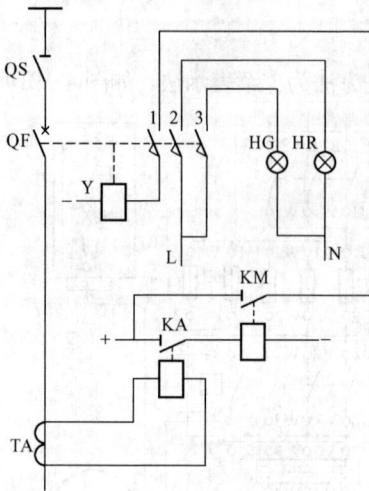

图 4-23　过电流保护原理接线图

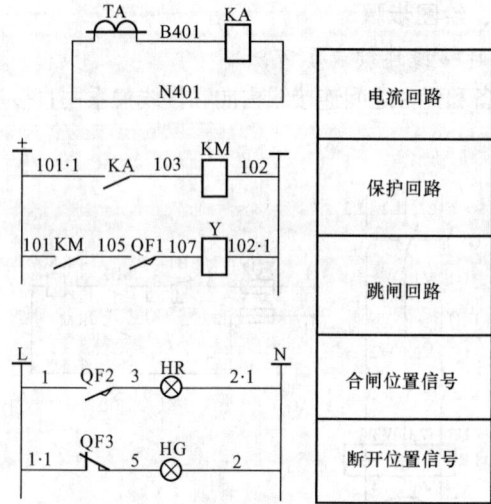

图 4-24　过电流保护展开图接线图

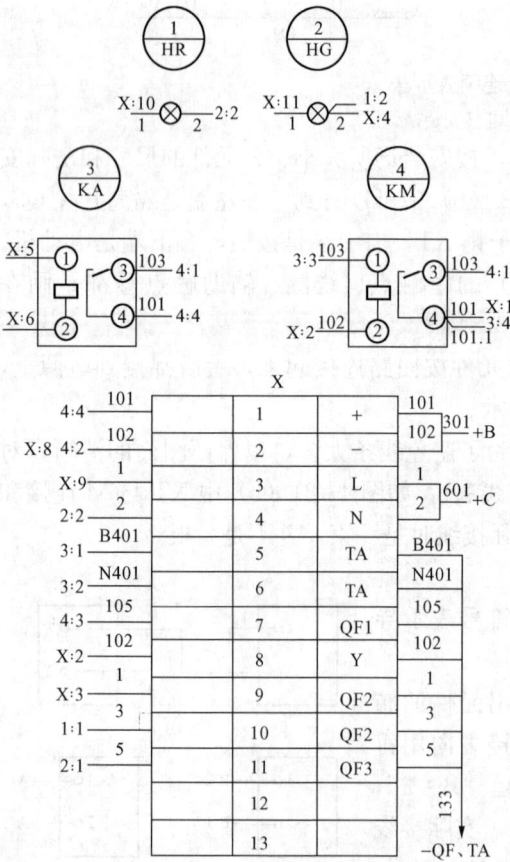

图 4-25　过电流保护二次安装接线图

（1）按元件实际安装位置画出各元件的图形符号，每一方框表示一个元件，元件内部接线图、触点等画在框内。每一个元件的上方画一个圆，圆内上方标出该元件的编号（图中有 4 个元件），圆内下方标出元件的字母代号，并画出端子排图。

（2）根据展开式原理图，在各端子旁边标出与所连接的对应端子的符号，如元件 3 的 1 号端子去向是端子排 5 号端子，在 1 号端子旁边标上 X：5（也可用 X—5 表示），与此对应的是在端子排 5 号端子的左边标上 3：1，实际接线时用导线把两端子连接起来。又如，在原理图上看出 KM 的线圈 1 端与 KA 的（动合）一个端子相连，故在图上 4 号元件端子 1 旁边标上 3：3，而在 3 号元件的端子 3 旁边标上 4：1。

（3）四个元件之间的连接可以直接连接（标出对应的端子符号），元件与外部设备元件（如电流互感器 TA，断路器跳闸线圈 Y 及辅助触点等）的连接必须经过端子排，用端子排作中间联络部件。

（4）端子排左边标注的是上述 4 个元件有关端子和端子排内部端子互相连接的符号，右边标注的是外部设备元件的符号，外部设备元件不必画出。

（5）每个端子最多连接两根导线，如果导线太多可通过端子排上的联络端子进行连接。

五、电气安装接线图绘制实训

1. 绘制接触器连锁正、反转控制电路安装接线图

接触器连锁正、反转控制电路原理接线图如图 4 - 26 所示，各部位位置如图 4 - 27 所示，绘制接触器连锁正、反转控制安装接线图（用连续表示法）。

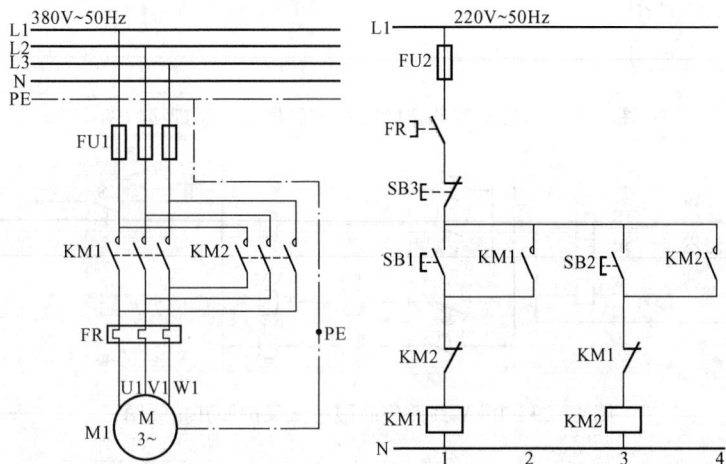

图 4 - 26　接触器连锁正、反转控制原理接线图

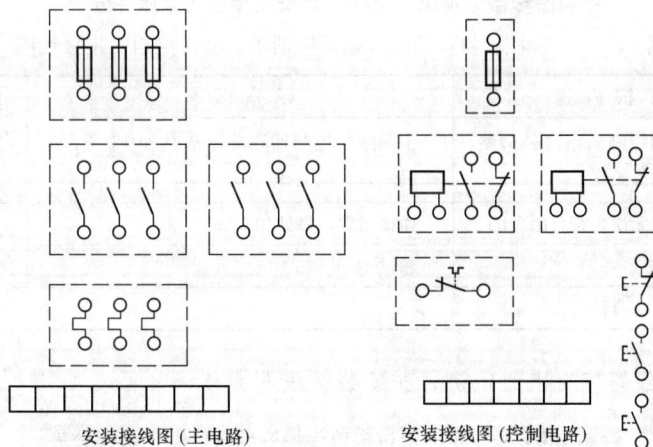

图 4 - 27　接触器连锁正、反转控制电路安装接线图

2. 绘制 10kV 线路定时限过电流保护安装接线图（用中断表示法）

图 4 - 28 为过电流保护电气原理接线图，图 4 - 29 为展开接线图。图中 1KA、2KA、3KA 为电磁式电流继电器；KT 为时间继电器；KS 为信号继电器；KM 为中间继电器。

根据上述原理图画出自己设计出元件的位置，画出方框图，并编号，再画出二次安装接线图。

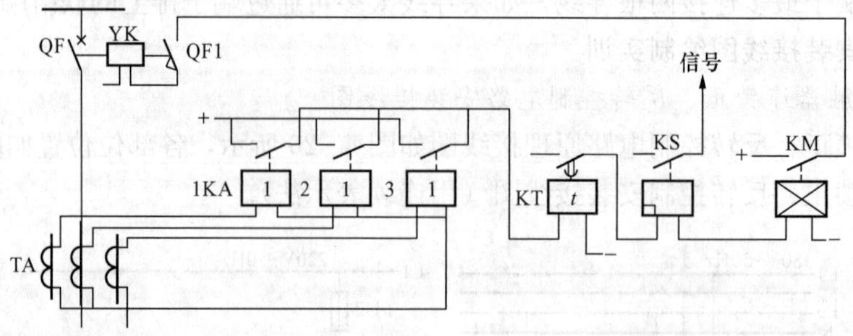

图 4-28　10kV 线路定时限过流保护电气原理接线图

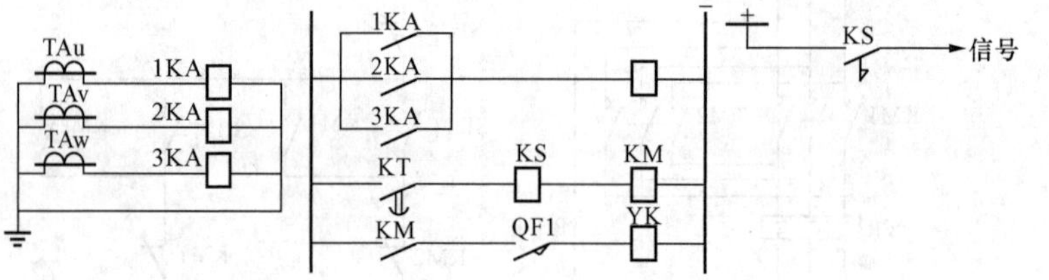

图 4-29　10kV 线路定时限过流保护展开接线图

六、考核评分

1. 绘制接触器连锁正、反转控制安装接线图考核评分

表 4-2　　　　绘制接触器连锁正、反转控制安装接线图考核评分表

班级：　　　姓名：　　　考核项目：绘制接触器连锁正、反转控制安装接线图

序号	考核内容	评分标准	配分	得分
1	主回路和控制回路区分清楚，图中连接规范美观	主回路和控制回路分不清楚扣15分，连接混乱、不规范扣15分	30	
2	连接正确无误，符合原理图	连接错误，每处扣10分	50	
3	时间 45min	超过10min扣10分	20	
	合计			

2. 绘制 10kV 线路定时限过电流保护安装接线图考核评分见表 4-3

表 4-3　　　　绘制 10kV 线路定时限过电流保护安装接线图考核评分表

班级：　　　姓名：　　　考核项目：绘制 10kV 线路定时限过电流保护安装接线图

序号	考核内容	评分标准	配分	得分
1	各元件位置合理，内部组合正确，编号完整	各元件位置不合理，扣15分，其他扣15分	30	
2	各端子接线符号正确，符合原理图	连接错误，每处扣10分	50	
3	时间 45min	超过10min扣10分	20	
	合计			

第三节　电动机点动控制电路安装操作实训

一、基础知识

1. 全压启动及启动条件

把电动机直接接在电源上，使电动机在电源的额定电压下启动，叫全压启动，也称直接启动。全压启动的优点是启动设备简单，操作比较方便，启动时间较短，启动可靠。但是，大容量电动机的全压启动，将会造成较大的电压降，影响公用电网中其他用电设备的正常运行。因此，对于公用电网中能够同时满足全压启动三个条件的 14kW 及以下的电动机，可以采用全压启动方式。

全压启动的三个条件为：

（1）单台电动机的容量不超过其公用配电变压器容量的 30%。

（2）启动时，电动机端子的剩余电压不低于额定电压的 60%。

（3）启动时，在同一台配电变压器供电范围内运行的其他用电设备，其端子剩余电压不低于额定电压的 75%。

在特殊情况下，如变压器为某一台电动机所专用，直接启动的电动机容量，可以达到变压器容量的 80%。

2. 电动机点动控制电路

电动机点动控制电路是用按钮、交流接触器来控制电动机的最简单的控制电路，它是全压启动中的一种。接线图如图 4-30 所示。

点动控制原理图如图 4-30（a）所示，可分为主电路和控制电路两部分。主电路是从电源 L1、L2、L3 经电源开关 QS、熔断器 FU1、接触器 KM 主触点到电动机 M 的电路，它流过的电流较大。由熔断器 FU2、按钮 SB 和接触器 KM 的线圈组成控制电路，流过的电流较小。

当电动机需要点动时，先合上电源开关 QS，按下点动按钮 SB，接触器线圈 KM 便通电，衔铁吸合，带动它的三对主触点 KM 闭合，电动机 M 便接通电源启动运转。按钮 SB 松开后，接触器线圈断电，衔铁受弹簧力的作用而复位，使接触器三对主触点断开，电动机便断电停止运转。这种只有按着按钮 SB 时电动机才运转，松开按钮 SB 就停转的电路，称为电动机点动控制电路。

二、工具及材料

1. 工具

电工常用工具、剥线钳、手电钻、万用表、兆欧表、钳型电流表。

2. 材料

电动机点动控制电路安装材料见表 4-4。

三、操作要点

安装操作时要严格按照实训步骤进行，确定电器元件安装位置时既要考虑安装布线方便，还要考虑到便于检修（这是实际工作中要注意的地方）；布线合理，接线正确。控制线路板安装完毕后，必须经过认真检查，测试后才能通电试车。安装工艺要求及注意事项：

(a)

(b)

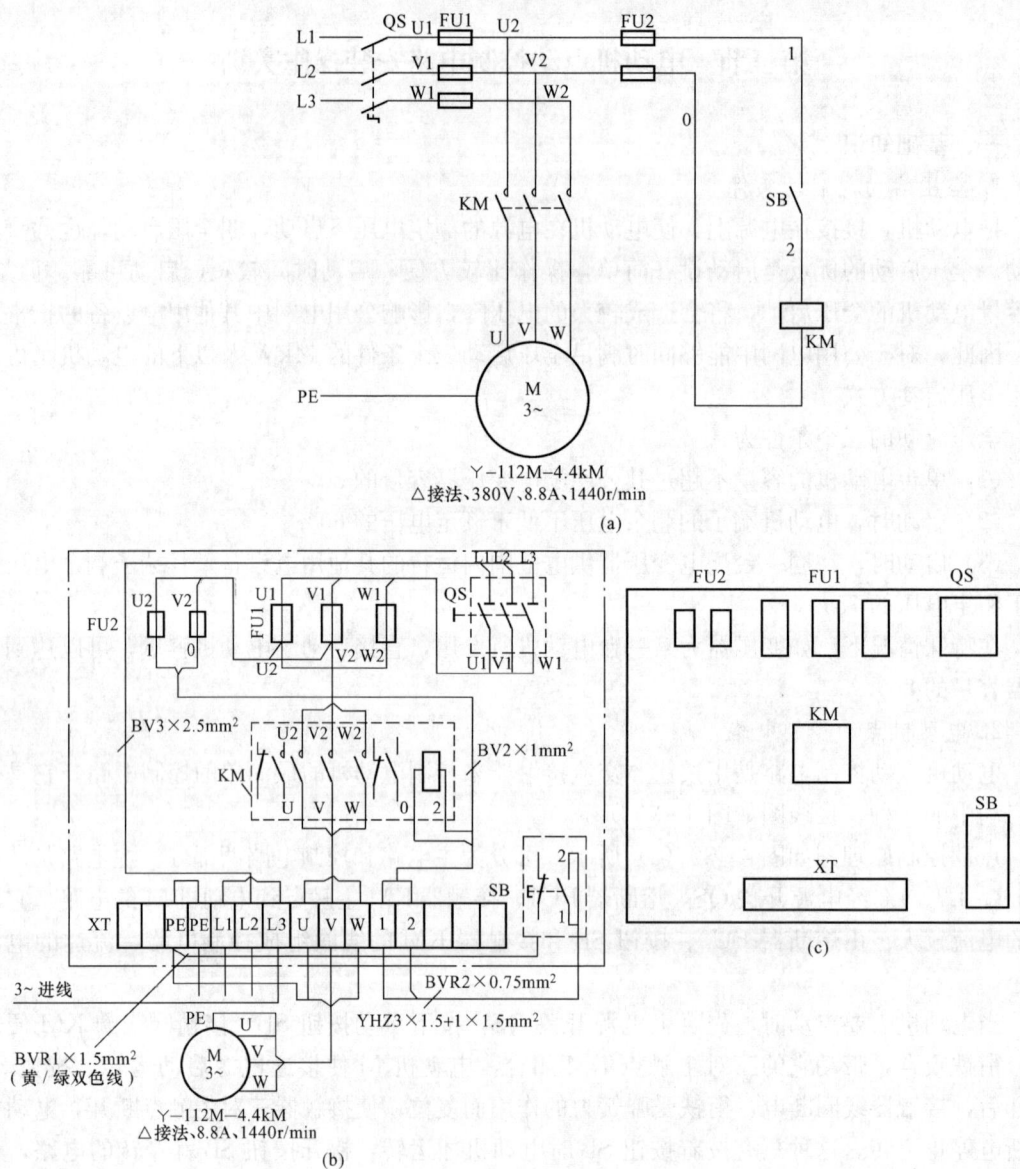

图 4-30　电动机点动控制电气图

(a) 电气原理图；(b) 电气接线图；(c) 电器布置图

表 4-4　　　　　　　　　　电动机点动控制电路安装材料明细表

序　号	代　号	材料名称	型　号	规　格	数　量
1	M	电动机	Y—132S—4	4kW、380V、△接法、8.8A	1
2	QS	组合开关	HZ10—25/3	三极、额定电流 25A	1
3	FU1	螺旋式熔断器	RL1—60/25	60A、配熔体 25A	3
4	FU2	螺旋式熔断器	RL1—15/2	15A、配熔体 2A	2
5	KM	接触器	CJ10—20	20A、线圈电压 380V	1

序　号	代　号	材料名称	型　号	规　格	数　量
8	SB	按钮	LA10－3H	保护式按钮数 3	1
9	XT	端子排	JX2－1015	500V、10A、15 节	1
10		木制控制板		400mm×300mm×20mm	1
11		导线	2.5mm²	黄、绿、红三色	
12		紧固件			
13		编码套管			
14		缠绕管			
15		其他材料			

（1）根据电动机的规格正确选择开关、熔断器、导线等器材型号，电动机必须根据电源电压和铭牌所标明的绕组接线方式进行连接。

（2）电器元件应固定牢固，排列整齐，防止电器元件的外壳压裂损坏。

（3）按安装接线图确定的走线方向进行合理布线。导线通道尽可能少，同路并行导线按主、控电路分类集中、单层密排、紧贴安装板布线，尽量避免交叉，做到横平竖直。敷设线路时不能损伤导线绝缘及线芯。从一个接线柱到另一个接线柱的导线必须是连续的，中间不能有接头。

（4）接线必须正确，接线时应先接负载端后接电源端，先接地线后接相线，导线与接线端连接时应牢固不松动，并符合工艺要求。

（5）主回路和控制回路的线号套管必须齐全，每一跟导线的两端都要套上编码套管（简单电路可不要），按钮接线应缠上缠绕管。

（6）安装热继电器时应将平面向上。

（7）一般接触器安装在垂直面上，倾斜度不超过5°，要留有适当的飞弧空间，以免烧坏相邻电器。

（8）一般红色按钮作"停止"或"急停"用，绿色按钮作"启动"用，点动按钮必须是"黑色"，复位"按钮"应为"蓝色"，黄色透明按钮的指示灯多用于显示状态或间歇状态。

四、操作步骤

（1）仔细阅读原理接线图，要求明确线路的控制要求、工作原理、操作方法。

（2）绘制电器位置图和接线图。要求符合电气制图的基本要求。

（3）按电气原理接线图及电动机功率的大小配齐电器元件并认真检查各电器元件是否完好无损，且满足使用要求。

（4）根据电器位置图，在木制安装板上确定电器位置，并安装电器元件。要求所有元件布局合理、排列整齐、安全可靠、便于接线、便于操作。

（5）接线先接控制电路导线和按钮接线，后接主电路导线。

（6）连接电动机，进行外板配线。

（7）检查安装质量及通电试车。检查内容如下：

1）按电气原理图或接线图从电源端开始，逐段核对接线及接线端子处线号。检查回路中有无漏接、错接之处。检查导线压接是否牢固、接触是否良好。

2）用万用表分别检查主回路、控制回路有无短路或断路的现象。

3）用 500V 兆欧表检测线路的绝缘电阻，不应小于 1MΩ。

控制线路检查合格后，才能通电试车。为确保人身安全，通电前还应检查与通电试运行有关的电气设备是否安全，确认无误后，方能试运行。在通电试运行时，要认真执行操作规程的有关规定。通电试运行的顺序如下：①空载试运行。接通三相电源，合上电源开关，用试电笔检查熔断器出线端是否有电，氖管亮电源接通，再检查负载接线端三相电源是否正常，经反复几次测试，均正常后方可进行带负载试运行。②带负载试运行。带负载试运行时，应先接上检查好的电动机连线，再接三相电源线，检查接线无误后，合闸送电。当电动机平稳运行时，用钳形电流表测量三相电流是否平衡。通电试运行完毕，停转、断开电源。先拆除电动机线，完成通电试运转。

（8）拆除线路，反复训练。

五、考核评分

电动机点动控制安装操作评分见表 4-5。

表 4-5　　　　　　　　　　电动机点动控制电路安装操作考核评分表

姓名		考核项目	电动机点动控制电路安装		
序　号	内　容		评 分 标 准	分　值	得　分
1	绘图		图纸不整洁或画错酌情扣分	15	
2	元气件固定		元器件排列合理、整齐，每指出一处扣 5 分	10	
3	接线可靠		导线连接可靠、剥线适当、横平竖直，错处酌情扣分	15	
4	接线正确		连线正确，每错一处扣 10 分	50	
5	安全操作		文明施工，综合参考	10	
6	时间		2h，每超过 10min 扣 5 分，不满 10min 算 10min		
7	总分			100	

第四节　电动机点、长动复合控制电路安装操作实训

一、基础知识

1. 电动机长动控制电路

如果要使点动控制电路中的电动机长期运行，启动按钮 SB 必须始终用手按住，这显然很不方便。为了实现电动机的连续运行，则需要用接触器的一对动合辅助触点并联在启动按钮两端；为使电动机停止，再在控制电路中串联一个停止按钮，如图 4-31 所示。工作原理如下：

合上电源开关 QS。

启动：按下启动按钮 SB2，电磁线圈 KM 通电，动合辅助触点 KM 闭合进行自锁，同时三对主触点 KM 闭合，使电动机运转。这时松开启动按钮 SB2，接触器电磁线圈 KM 因能通过和 SB2 并联自锁的辅助动合触点（已处于闭合状态）形成闭合通路继续通电，所以使电动机保持连续运转。

停止：按下停止按钮 SB1，接触器电磁线圈 KM 断电使三对主触点 KM 断开，动合辅助触点断开，电动机停止运转。

这种当启动按钮松开后，控制电路仍能自动保持接通的电路，称为具有自锁（或自保持）的控制电路。与启动按钮 SB2 并联的接触器动合辅助触点 KM 称为自锁（或自保持）触点。

这种电路还具有电动机欠压和失压保护功能。

（1）欠压保护。电动机运行时如果电源电压下降，电动机的电流就会上升，电压下降越严重电流上升也越严重，严重时会烧坏电动机。上述控制电路，当电源电压低于工作电压的 85% 时，交流接触器会因电磁线圈产生的吸合力不足而使主触点断开，使电动机停转，从而得到保护。

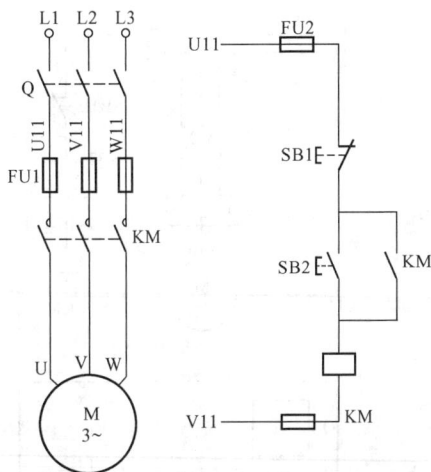

图 4-31　电动机长动控制电路

（2）失压保护。电动机运行过程中遇到电源停电，在恢复供电时，如果未加防范措施而使电动机自行启动，很容易造成设备或人身事故。上述控制电路当电源突然停电时，如果不按下启动按钮 SB2，电动机就无法重新运转，这种在突然断电时能自动切断电动机电源的保护就是失压保护。

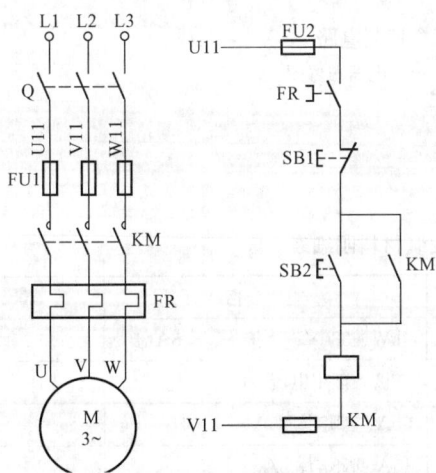

图 4-32　带过载保护的电动机长动控制电路

电动机在运行过程中，如果长期负载过重、操作频繁或断相运行等，都可能使电动机的电流超过它的额定值，但电流又未大到使熔断器熔断，将引起电动机过热。如果温度超过允许温升，就会使电动机绕组绝缘损坏，使电动机寿命大为缩短，甚至烧坏电动机。因此电动机必须采取过载保护措施，最常用的是利用热继电器进行过载保护。图 4-32 就是具有过载保护的电动机控制电路。

工作原理：电动机运行过程中，若由于过载或其他原因使电动机电流超过额定电流，经过一段时间，串接在主电路中的热继电器 FR 的热元件因受热弯曲，能使串在控制电路中的 FR 动断触点断开，切断控制电路，接触器电磁线圈 KM 断电，接触器主触点断开，电动机停止运转。

2. 电动机点、长动复合控制电路

在生产实际中，经常要求电动机能够同时实现既能点动控制又能连续运行，其电路如图 4-33 所示。是在电动机长动控制电路中增加一只复合按钮 SB3，让它来实现电动机的点动控制。

二、工具及材料

1. 工具

电工常用工具、剥线钳、手电钻、万用表、兆欧表、钳型电流表。

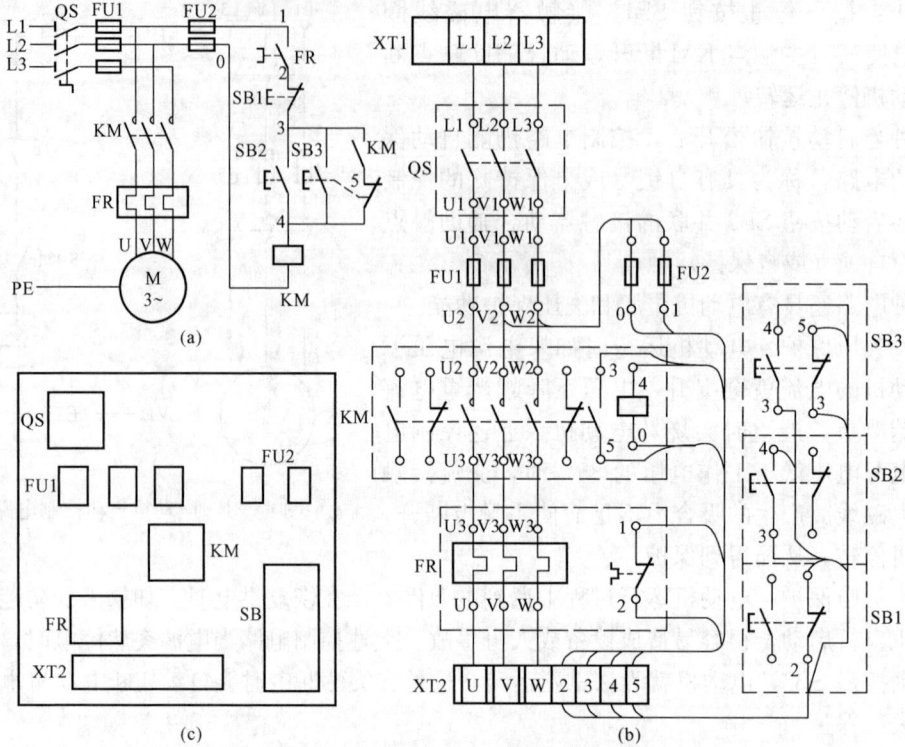

图 4-33　电动机点、长动复合控制电路
(a) 电气原理图；(b) 电气接线图；(c) 电器布置图

2. 材料

电动机点、长动复合控制电路安装材料见表 4-6。

表 4-6　　　　　　　　　　　电动机点、长动复合控制电路安装材料明细表

序号	代号	材料名称	型号	规格	数量
1	M	电动机	Y-132S-4	4kW、380V、△接法、8.8A	1
2	QS	组合开关	HZ10-25/3	三极、额定电流 25A	1
3	FU1	螺旋式熔断器	RL1-60/25	60A、配熔体 25A	3
4	FU2	螺旋式熔断器	RL1-15/2	15A、配熔体 2A	2
5	KM	接触器	CJ10-20	20A、线圈电压 380V	1
6	FR	热继电器	JR16-20/3	三极、20A、额定电流 11.6A	1
7	SB	按钮	LA10-3H	保护式按钮数 3	1
8	XT	端子排	JX2-1015	500V、10A、15 节	1
9		木制控制板		400mm×300mm×20mm	1
10		导线		黄、绿、红三色	
11		紧固件			
12		编码套管			
13		缠绕管			

三、安装要点

安装操作时要严格按照实训步骤进行，确定电器元件安装位置时既要考虑安装布线方便，还要考虑到便于检修；布线合理，接线正确。控制线路板安装完毕后，必须经过认真检查，测试后才能通电试车。安装工艺要求及注意事项：

（1）根据电动机的规格正确选择开关、熔断器、导线等器材型号，电动机必须根据电源电压和铭牌所标明的绕组接线方式进行连接。

（2）电器元件应固定牢固，排列整齐，防止电器元件的外壳压裂损坏。

（3）按安装接线图确定的走线方向进行合理布线。导线通道尽可能少，同路并行导线按主、控电路分类集中，单层密排、紧贴安装板布线，尽量避免交叉，做到横平竖直。敷设线路时不能损伤导线绝缘及线芯。从一个接线柱到另一个接线柱的导线必须是连续的，中间不能有接头。

（4）接线必须正确，接线时应先接负载端后接电源端，先接地线后接相线，导线与接线端连接时应牢固不松动，并符合工艺要求。

（5）主回路和控制回路的线号套管必须齐全，每一根导线的两端都要套上编码套管（简单电路可不要），按钮接线应缠上缠绕管。

（6）安装热继电器时应将平面向上。

四、操作步骤

（1）仔细阅读原理接线图，要求明确线路的控制要求、工作原理、操作方法。

（2）绘制电器位置图和接线图。要求符合电气制图的基本要求。

（3）按电气原理接线图及电动机功率的大小配齐电器元件并认真检查各电器元件是否完好无损，且满足使用要求。

（4）根据电器位置图，在木制安装板上确定电器位置，并安装电器元件。要求所有元件布局合理、排列整齐、安全可靠、便于接线、便于操作。

（5）接线先接控制电路导线和按钮接线，后接主电路导线。

（6）连接电动机，进行外板配线。

（7）检查安装质量及通电试车。检查内容有：

1）按电气原理图或接线图从电源端开始，逐段核对接线及接线端子处线号。检查回路中有无漏接、错接之处。检查导线压接是否牢固、接触是否良好。

2）用万用表分别检查主回路、控制回路有无短路或断路的现象，自锁的动作及可靠性。

3）用500V兆欧表检测线路的绝缘电阻，不应小于1MΩ。

控制线路检查合格后，才能通电试车。为确保人身安全，通电前还应检查与通电试运行有关的电气设备是否安全，确认无误后，方能试运行。在通电试运行时，要认真执行操作规程的有关规定。通电试运行的顺序：①空载试运行。接通三相电源，合上电源开关，用试电笔检查熔断器出线端是否有电，氖管亮电源接通，再检查负载接线端三相电源是否正常，经反复几次测试，均正常后方可进行带负载试运行。②带负载试运行。带负载试运行时，应先接上检查好的电动机连线，再接三相电源线，检查接线无误后，合闸送电。当电动机平稳运行时，用钳形电流表测量三相电流是否平衡。通电试运行完毕，停转、断开电源。先拆除电动机线，完成通电试运转。

（8）拆除全部线路及电器元件，反复训练。

五、考核评分

电动机点、长复合控制安装操作评分见表 4-7。

表 4-7　　　　　电动机点、长复合控制电路安装操作评分表

姓名　　　考核项目　　　电动机点、长复合控制电路安装

序　号	内　容	评分标准	分　值	得　分
1	绘图	图纸不整洁或画错酌情扣分	15	
2	元气件固定	元器件排列合理、整齐，每指出一处扣 5 分	10	
3	接线可靠	导线连接可靠、剥皮适当、横平竖直	15	
4	接线正确	连线正确，每错一处扣 10 分	50	
5	安全操作	文明施工，综合参考	10	
6	时间	2h，每超过 10min 扣 5 分，不满 10min 算 10min		
7	总分		100	

第五节　电动机正反转控制电路安装操作实训

一、基础知识

以下介绍电动机正反转控制电路。

前面介绍的电路只能实现电动机的单方向运转，实际生产、生活中经常需要电动机实现正反转控制，比如机床工作台的前进与后退、主轴的正转与反转，电梯的上升与下降等。

由电动机的工作原理可知，改变通入电动机定子绕组的三相电源相序，即把接入电动机的三相电源进线中的任意两根对调接线时，电动机就可以改变转向。常见的电动机正反转控制电路有按钮联锁正反转控制电路（图 4-34）、接触器联锁正反转控制电路（图 4-35）和按钮接触器双重联锁正反转控制电路（图 4-36），按钮联锁正反转控制电路的工作原理如下：

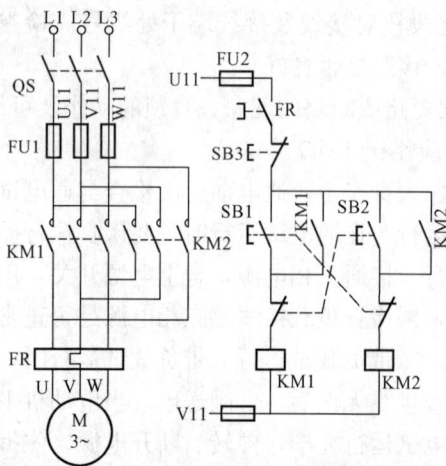

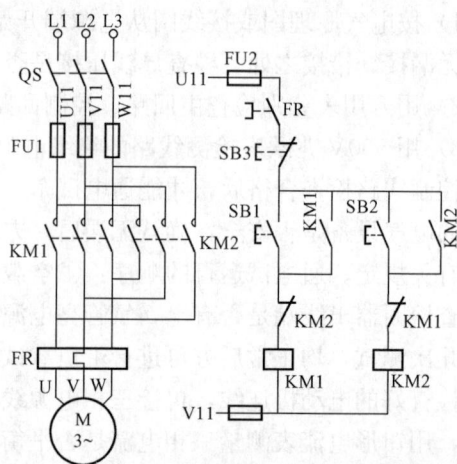

图 4-34　按钮联锁正反转控制电路　　　　图 4-35　接触器联锁正反转控制电路

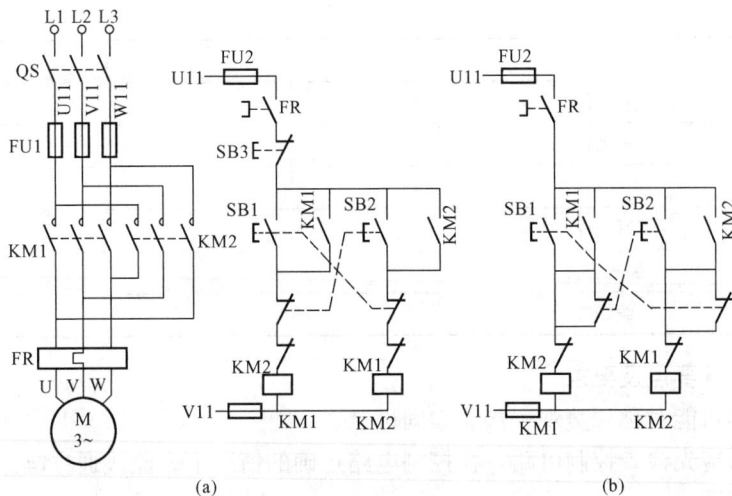

图 4-36　按钮接触器双重联锁正反转控制电路
(a) 正转控制电路；(b) 反转控制电路

以图 4-34 为例。合上电源开关 QS。

正转控制：按下正转按钮 SB1，KM1 因电磁线圈通电吸合，KM1 动合辅助触点闭合（实现自保持），KM1 主触点闭合，电动机正转；同时，串在反转控制回路中的 SB1 动断触点断开，KM1 动断辅助触点断开，有效地切断了反转控制电路。

反转控制：可直接由正转切换到反转而不必先让电动机停止。按下反转按钮 SB2，其动断触点断开，切断了正转控制回路，动合触点闭合，KM2 因电磁线圈通电吸合，KM2 动合辅助触点闭合（实现自保持），KM2 主触点闭合，电动机反转；同时，串在正转控制回路中的 KM2 动断辅助触点断开，有效地切断了正转控制电路。

电动机要停止转动，只要按下停止按钮 SB3 即可。

二、工具及材料

1. 工具

常用电工工具 1 套、剥线钳 1 把、手电钻 1 把、万用表 1 块、绝缘电阻表 1 块。

2. 材料

按钮接触器双重联锁正反转控制电路材料见表 4-8。

表 4-8　　　　　按钮接触器双重连锁正反转控制电路材料明细表

序　号	材　料　名　称	型　号	规　　格	数　量
1	木制控制板		400mm×300mm×20mm	
2	接触器			
3	启动按钮			
4	停止按钮			
5	热继电器			
6	主电路熔断器			
7	控制电路熔断器			
8	端子排			

序　号	材 料 名 称	型　号	规　格	数　量
9	组合开关			
10	电动机			
11	导线			
12	紧固件			
13	编码套管			
14	缠绕管			

三、操作步骤要点及要求

布线时应尽可能对称，美观、接线牢固可靠。

通电检查时应先检查控制电路，在控制电路正确的情况下方能接通主电路和电动机。

四、操作步骤

(1) 仔细阅读原理接线图，见图 4-36，并在图上编号，并绘制安装接线图 4-37。

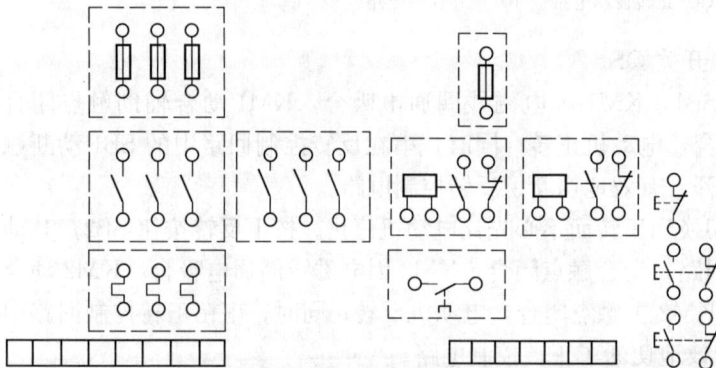

图 4-37　应绘制的安装接线图

(2) 在元件清单表 4-8 上标注所需电器元件的型号、规格、数量，并检查质量。

(3) 在安装板上合理布局并固定相关电器元件。

(4) 合理布线。

(5) 检查安装质量。

(6) 连接电动机，进行外板配线。

(7) 通电试车。

(8) 拆线，反复训练。

五、考核评分表

按钮接触器双重连锁正反转控制电路安装操作考核评分见表 4-9。

表 4-9　　　　　**按钮接触器双重联锁正反转控制电路操作考核评分表**

姓名　　　考核项目　　　按钮接触器双重联锁正反转控制电路

序　号	内　容	评分标准	分　值	得　分
1	绘图	图纸不整洁或画错酌情扣分	15	
2	元气件固定	元器件排列合理、整齐，每指出一处扣 5 分	10	
3	接线工艺	导线连接可靠、剥皮适当、横平竖直	15	
4	接线正确	连线正确，每错一处扣 10 分	25	
5	通电试车	通电不成功，扣 15 分	15	
6	安全操作	文明施工，综合参考	10	
7	时间	2.5h	10	
8	总分		100	

第六节　电动机Y-△自动降压启动控制电路安装操作实训

一、基础知识

降压启动是将电源电压适当降低后，再加到电动机定子绕组上进行启动。当电动机启动后，再使电压恢复到额定值。降压启动又称为减压启动。

三相鼠笼式异步电动机常用的降压启动方法有定子绕组串联电阻（或电抗器）启动、Y-△降压启动和自耦变压器降压启动。

1. 定子绕组串联电阻（或电抗器）启动控制电路

定子绕组串联电阻（或电抗器）降压启动是在电动机定子绕组电路中串入电阻（或电抗器），启动时利用串入的电阻（或电抗器）起降压限流作用；待电动机转速升到一定值时，将电阻（或电抗器）切除，使电动机在额定电压下稳定运行。由于定子电路中串入的电阻要消耗电能，所以大、中型电动机常采用串联电抗器的启动方法，它们的控制电路是一样的。

电动机定子绕组串联电阻（或电抗器）降压启动控制电路有手动接触器控制及时间继电器自动控制等几种形式。

（1）手动接触器控制电路。图4-38所示为手动接触器控制的串联电阻降压启动电路。由控制电路可以看出，接触器KM1和KM2是按顺序工作的。工作原理如下：

先合上电源开关QS。

1）降压启动：按一下按钮SB1，接触器KM1因电磁线圈通电而吸合，KM1主触点闭合，KM1动断辅助触点闭合实现自保持，电动机M串联电阻R降压启动。

2）全压运行：按一下按钮SB2，接触器KM2因电磁线圈通电而吸合，KM2主触点闭合将串联电阻R短接，KM2动断辅助触点闭合实现自保持，电动机M全压运行。

该电路的缺点是降压启动到全压运行的过程要靠操作人员掌握，所以启动时很不方便，因此一般采用时间继电器自动控制电路。

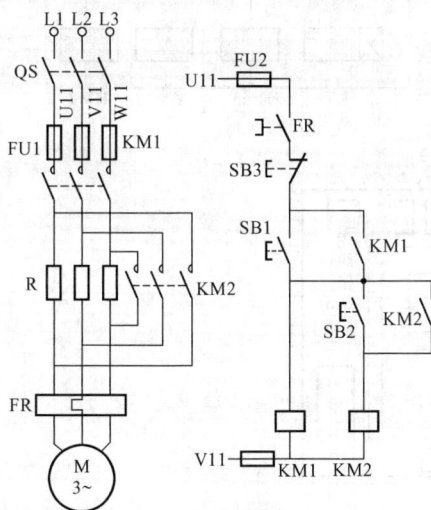

图4-38　手动接触器控制的串电阻启动控制电路　　　图4-39　时间继电器自动控制的串电阻启动控制电路

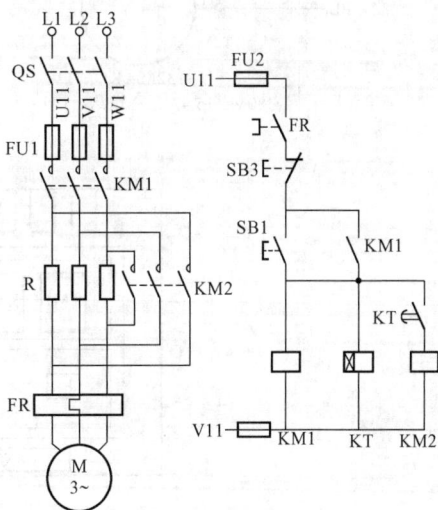

（2）时间继电器自动控制电路。图 4-39 所示为时间继电器自动控制的串联电阻降压启动电路。启动时只需按一次启动按钮 SB1，启动到全压运行的过程由时间继电器自动完成，并且启动时间可以调节。

工作原理：先合上电源开关 QS，按一下按钮 SB1，接触器 KM1 因电磁线圈通电而吸合，KM1 主触点闭合，KM1 动合辅助触点闭合实现自保持，电动机 M 串联电阻 R 降压启动，同时时间继电器 KT 因线圈通电而吸合使 KT 动合触点进入延时状态。电动机 M 串联电阻 R 运行一段时间后，KT 动合触点延时闭合，与其串联的接触器 KM2 电磁线圈通电，使接触器 KM2 主触点吸合并将串联电阻 R 短接，电动机 M 全压运行。

2. 星形—三角形（Y-△）降压启动控制电路

额定运行为△形接法且容量较大的电动机，可以采用 Y-△ 降压启动。启动时定子绕组作 Y 形连接，待转速提高到一定值时，改为 △ 形连接，直到稳定运行。

如图 4-40 所示为时间继电器自动切换的 Y-△ 降压启动控制电路，图中 QS 为电源开关。FU1 为主电路熔断器，实现对主电路的短路保护。FU2 为控制电路熔断器，实现对控制电路的短路保护。FR 为热继电器，热元件接在正常运行中的主电路中，对电机正常运行时进

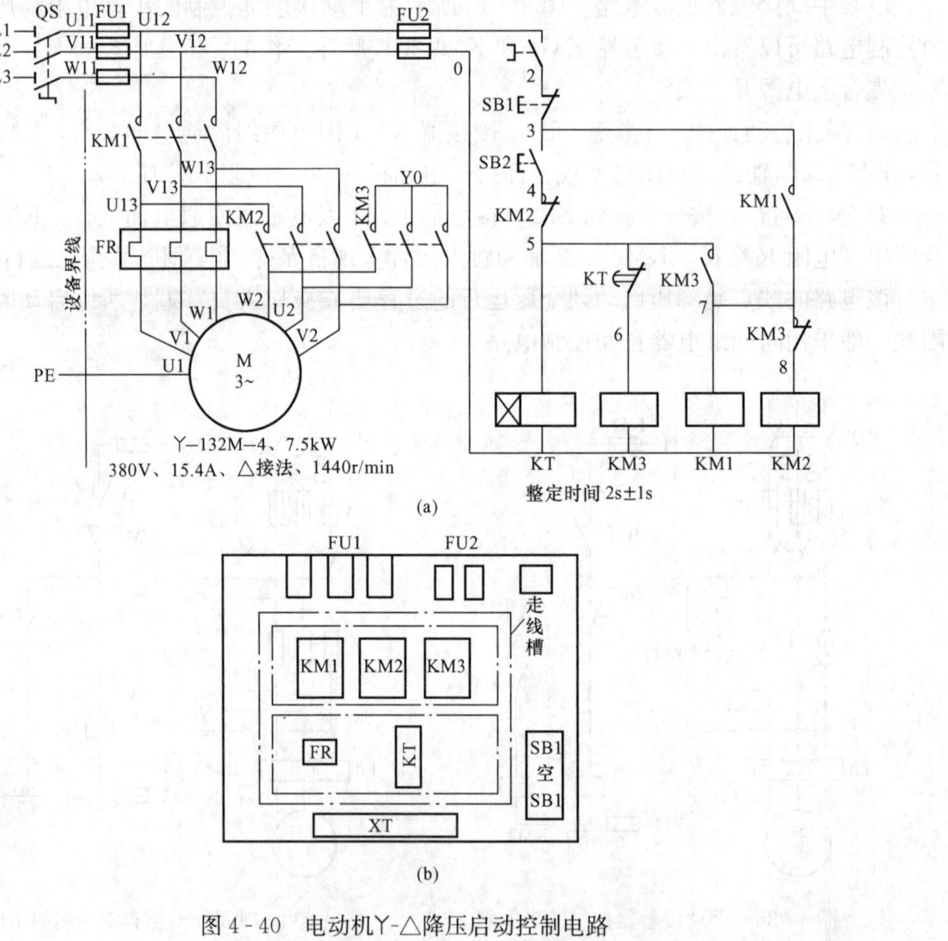

(a)

(b)

图 4-40　电动机 Y-△ 降压启动控制电路
(a) 电气原理图；(b) 电气布置图

行过载保护。SB1 为停止按钮，在任何时候下它可以停车。SB2 为启动按钮。KT 为时间继电器，整定时间为 2～3s，即保证电机在Y形启动 2～3s 后切换为三角运行。KM1 的动合辅助触点与 SB2、KM2 的动断辅助触点并联，实现 KM1、KM2 的自锁；KM3 动断辅助触点串接在 KM2 的线圈上，实现 KM3 对 KM2 的互锁，以确保Y形启动时△形连接不能实现。

在没有按下启动按钮 SB2 前，因 KM1 不能得电，所以 KM2、KM3、KT 均不能得电。按下 SB2，一方面时间继电器 KT 线圈得电，计时开始；另一方面 KM3 线圈得电，同时 KM1 线圈因 KM3 的动合辅助触点闭合也得电，保证电机的Y形启动，此时 KM1 动合辅助触点对 SB2 有自锁作用；KM3 的动断辅助触对 KM2 有互锁作用，在启动过程中若要停车，按 SB1 即可。

时间继电器设定的时间到达后，KT 的动断触点打开，KM3 线圈失电，电机的Y形接法被切除。但 KM1 因自锁仍处于原来的得电状态。同时 KM3 的动断辅助触点复位使 KM2 线圈得电，使电机在△形连接状态下正常运行。在电机正常运行时，由于 KM2 处于得电状态，其动断辅助触点打开使时间继电器失电处于非工作状态。若要想使运行中的电机停下来，按下 SB1 使 KM1、KM2 失电即可。

该电路的主要特点如下：

（1）结构简单，所用电器元件的数量不多。

（2）控制原理清晰，便于接线。

（3）启动结束时，在 KM3 到 KM2 的换接过程中，有一瞬时断电过程，刚好可以避免由于电器动作不灵可能产生的电源短路现象的发生。当然由于电机转动的惯性，这一瞬间断电不会影响电机的转动和电网电压波动。

（4）用 KM2 的动断触点同时控制时间继电器 KT、接触器 KM3 和 KM1，确保电机的正常运行。

二、工具及材料

1. 工具

常用电工工具 1 套、剥线钳 1 把、手电钻 1 把、万用表 1 块、绝缘电阻表 1 块。

2. 材料

Y-△按自动降压启动控制电路安装材料见表 4-10。

表 4-10　　　　　　　Y-△按自动降压启动控制电路安装材料明细表

序　号	材料名称	型　号	规　格	数　量
1	木制控制板		400mm×300mm×20mm	
2	接触器			
3	启动按钮			
4	停止按钮			
5	热继电器			
6	主电路熔断器			
7	控制电路熔断器			
8	端子排			
9	时间继电器			

续表

序　号	材 料 名 称	型　号	规　格	数　量
10	电动机			
11	导线			
12	紧固件			
13	编码套管			
14	缠绕管			

三、操作步骤要点及注意事项

（1）布线时应尽可能对称，美观、接线牢固可靠。

（2）通电检查时应先检查控制电路，在控制电路正确的情况下方能接通主电路和电动机电源。

（3）安装注意事项。

1）进行丫-△启动时，必须将电动机的 6 个出线端子全部引出。

2）各电器元件接线端子上引出或引入的导线，以元件的水平中心线为界限，从水平中心线以上的接线端子引出的导线，必须进元件上面的走线槽；从水平中心线以下的接线端子引出的导线，必须进元件下面的走线槽。任何导线都不允许从水平方向进入走线槽内。

3）电动机、时间继电器、不带电金属外壳或底板的接线端子板应可靠接地，严禁损伤线芯和导线绝缘。

4）接线时要注意电动机的△形接法不能接错，应将电动定子绕组的 U1、V1、W1 通过 KM2 接触器分别与 W2、U2、V2 相连，否则会产生短路现象。

5）KM3 接触器的进线必须从三相绕组的末端引入，若误将首端引入，则 KM3 接触器吸合时，会产生三相电源短路事故。

四、操作步骤

（1）仔细阅读原理接线图，见图 4 - 40（a），并在图上编号，并绘制安装接线图。

（2）在元件清单表上 4 - 10 标注所需电器元件的型号、规格、数量，并检查电器元件的质量。

（3）在安装板上合理布局并固定相关电器元件。

（4）用三色导线进行合理布线。

（5）用万用表认真检查电路，确保接线正确无误。

（6）连接电机，进行板外配线。

（7）经指导教师检查后，按规定操作通电试验。

（8）拆除全部线路及电器元件，反复训练。

五、考核评分表

丫-△按自动降压启动控制电路安装考核评分见表 4 - 11。

表 4 - 11　　　　　　　丫-△按自动降压启动控制电路安装考核评分表

班级：　　　　姓名：　　　考核项目：丫-△按自动降压启动控制电路安装

序　号	内　容	评 分 标 准	分　值	得　分
1	绘图	图纸不整洁或画错酌情扣分	10	
2	元气件固定	元器件排列合理、整齐，每指出一处扣 5 分	10	

续表

序　号	内　容	评分标准	分　值	得　分
3	接线工艺	导线连接可靠、剥皮适当、横平竖直	15	
4	接线正确	仪表使用正确，连线正确，每错一处扣10分	45	
5	通电试车	通电不成功，扣15分	15	
6	安全操作	文明施工，综合参考	10	
7	时间	2.5h每超过10min扣5分，不满10min算10min	10	
8	总分		100	

第七节　电动机自耦变压器启动控制电路安装操作实训

一、基础知识

自耦变压器降压启动是利用自耦变压器来降低启动时加在电动机定子绕组上的电压，达到限制启动电流的目的。自耦变压器降压启动常用一种叫做自耦降压启动器（又叫启动补偿器）的控制设备来实现。

自耦降压启动器主要由一个三相自耦变压器和一套转换触头组成。自耦变压器的一次是整个绕组，二次仅仅是该绕组下端的部分绕组。一次和二次都接成Y形，因二次绕组的匝数少，所以电压比一次低。启动时，转换触头向下闭合，把二次电压加到电动机上，等到电动机转速达到一定值后，再把转换触头向上闭合，把一次电压即电源电压加到电动机上，使电动机在额定电压下运行。

如果自耦变压器在不同匝数的绕组上抽出几个头，就可以改变二次电压。所以利用不同抽头，可以选择不同的启动电压。

常用的自耦降压启动器有QJ2系列（三个抽头，可以使二次电压为额定电压的73％、64％、55％）、QJ3系列和QJ11系列（均有两个抽头，分别为额定电压的80％和65％）等。QJ3型自耦降压启动器的内部结构及控制电路如图4-41所示。

该电路的缺点是降压启动到全压运行的过程要靠操作人员手动操作，所以启动时很不方便，因此一般采用时间继电器来进行自动控制。其控制电路如图4-42所示。

二、工具及材料

1. 工具

电工工具1套、剥线钳1把、手电钻1把、万用表1块，兆欧表1块。

2. 材料

见表4-12。

表4-12　　　　电动机自耦变压器启动控制电路安装材料明细表

序号	代号	材料名称	型　号	规　格	数量
1	M	电动机	Y-132S-4	5.5kW、380V、11.6A	1
2	QS	组合开关	HZ10-25/3	三极、15A	1
3	FU1	熔断器	RL1-60/25	60A、配熔体25A	3
4	FU2	熔断器	RL1-15/2	15A、配熔体15A	2

续表

序 号	代 号	材料名称	型 号	规 格	数 量
5	KM1、KM2、KM3	接触器	CJ10—20	20A、线圈电压 380V	3
6	KT	时间继电器	JST—2A	线圈电压 380V	1
7	FR	热继电器	JR16—20/3	三极、20A、额定电流 11.6	1
8	SB	按钮	LA4—3H	保护式按钮数 3	1
9	XT	端子排	JX2—1015	500V、10A、15 节	1
	TA	自耦变压器	CTZ	定制抽头电压 $65\%U_N$	1
10		木制控制板		400mm×300mm×20mm	1
11		导线			
12		紧固件			
13		编码套管			
14		缠绕管			

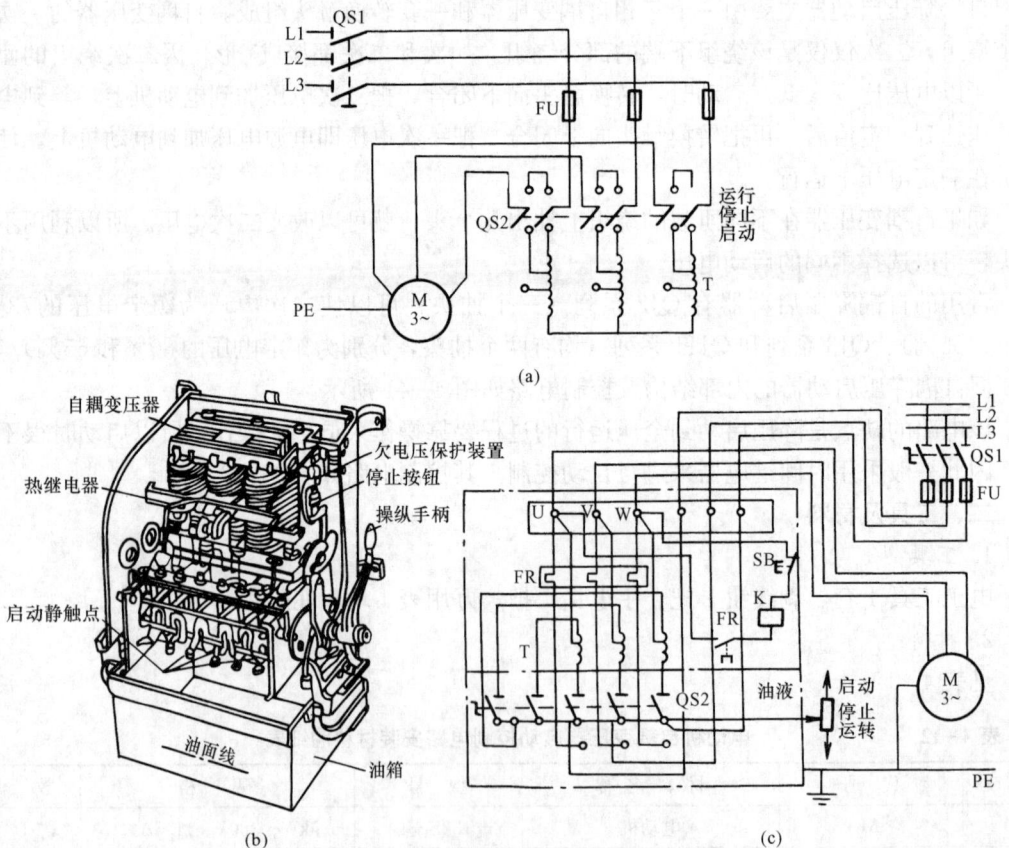

图 4-41　QJ3 型补偿器降压启动控制电气原理接线图

（a）原理图；（b）结构图；（c）电气接线图

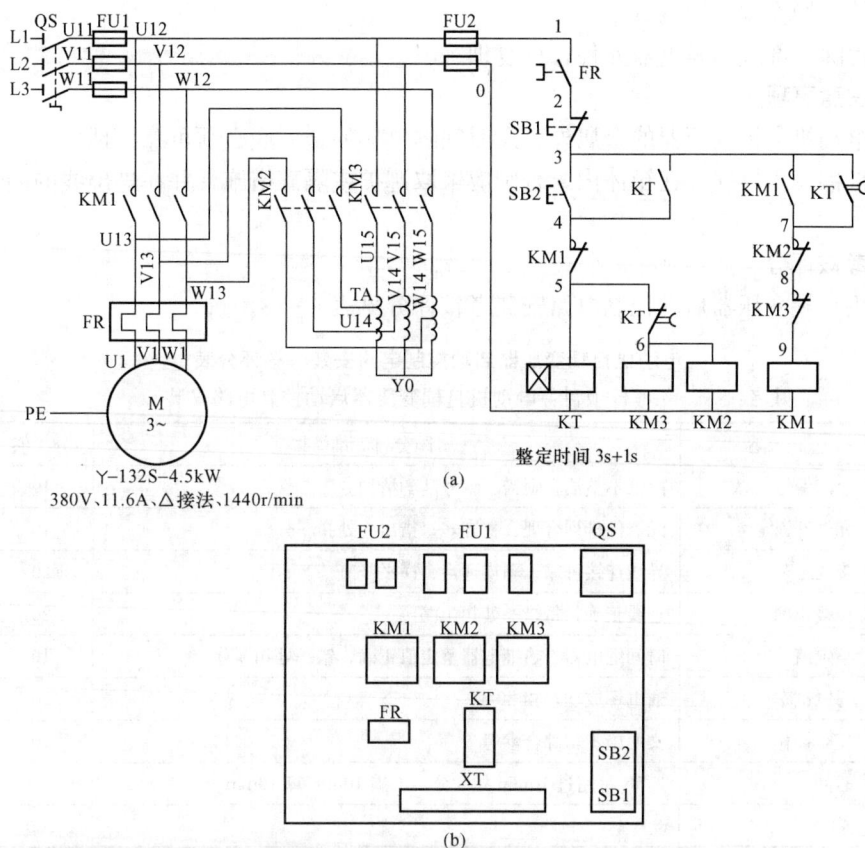

图 4 - 42　自耦变压器降压启动控制电气原理接线图

(a) 自动控制电气原理图；(b) 电气布置图

三、操作要点及要求

(1) 安装控制板上的电器元件时，必须按电器布置图安装，并做到元件安装牢固，元件排列整齐、均匀、合理。紧固件要受力均匀、紧固度适当，以防止元件损坏。

(2) 控制板内部布线应平直、整齐、紧贴敷设面，走线合理及触点不得松动、不露铜、不反圈、不压绝缘层等，并符合工艺要求。

(3) 布线完工之后，必须对控制电路进行全面路检查。

(4) 时间继电器的安装位置，必须使继电器在断电之后，动铁芯释放时的运动方向垂直向下。

四、操作步骤

(1) 仔细阅读原理接线图，见图 4 - 42 (a)，并在图上编号，并绘制安装接线图。

(2) 在元件清单表上 4 - 12 标注所需电器元件的型号、规格、数量，并检查元件的质量。

(3) 在安装板上合理布局并固定相关电器元件。

(4) 用三色导线进行合理布线。

(5) 用万用表检查线路，确保接线正确无误。

(6) 连接电动机和自耦变压器，进行板外配线。

（7）按照操作规程通电试车。

（8）拆除全部线路及电器元件，反复训练。

五、注意事项

（1）电动机自耦变压器的金属外壳及时间继电器的金属底必须可靠接地。

（2）自耦变压器安装在箱体内，否则应采取遮护或隔离措施，并在进出线的端子上做绝缘处理。

六、考核评分

电动机自耦变压器启动控制电路安装考核评分见表 4 - 13。

表 4 - 13　　　　　　　　　电动机自耦变压器启动控制电路安装考核评分表

班级：　　　　姓名：　　　　考核项目：电动机自耦变压器启动控制电路安装

序　号	内　容	评 分 标 准	分　值	得　分
1	绘图编号	图纸不整洁、画错、编号乱酌情扣分	10	
2	元气件固定	元器件排列合理、整齐，每指出一处扣 5 分	10	
3	接线工艺	导线连接可靠、剥皮适当、横平竖直	20	
4	接线正确	连线正确，每错一处扣 10 分	20	
5	整定值	时间继电器、热继电器整定值正确，错一处扣 5 分	10	
6	通电试车	通电不成功，扣 20 分	20	
7	安全操作	文明施工，综合参考	10	
8	时间	2.5h 每超过 10min 扣 5 分，不满 10min 算 10min		
9	总分		100	

第 五 章

配电线路安装操作实训

第一节　电杆拉线制作与安装操作实训

一、基础知识

1. 拉线

拉线是架空线路构成的重要部分，它的作用是平衡导线、避雷线、分支线水平方向的作用力，承受风力和断线张力，从而稳定杆塔。架空线路中，凡是固定不平衡荷载比较显著的电杆，如终端杆、转角杆、分支杆等，均应装设拉线，以达到平衡的目的。同时为了避免线路在大风荷载下被破坏，或在土质（密实度达不到要求）松软地区为增加电杆的稳定性，在直线杆上每隔一定距离（一般每隔5～10根电杆）应装设防风拉线、相序拉线或装设增强线路稳定性的拉线（十字拉线）。

2. 拉线的种类、作用及结构

架空配电线路中，根据拉线的用途和作用的不同，拉线一般可分为以下几种：

（1）普通拉线。

普通拉线应用在终端杆、转角杆、分支杆及耐张杆处，主要用来平衡固定性不平衡荷载，如图5-1（a）所示。

（2）人字拉线。

人字拉线由两根普通拉线组成，装在线路垂直方向电杆的两侧，多用于中间直线杆。它

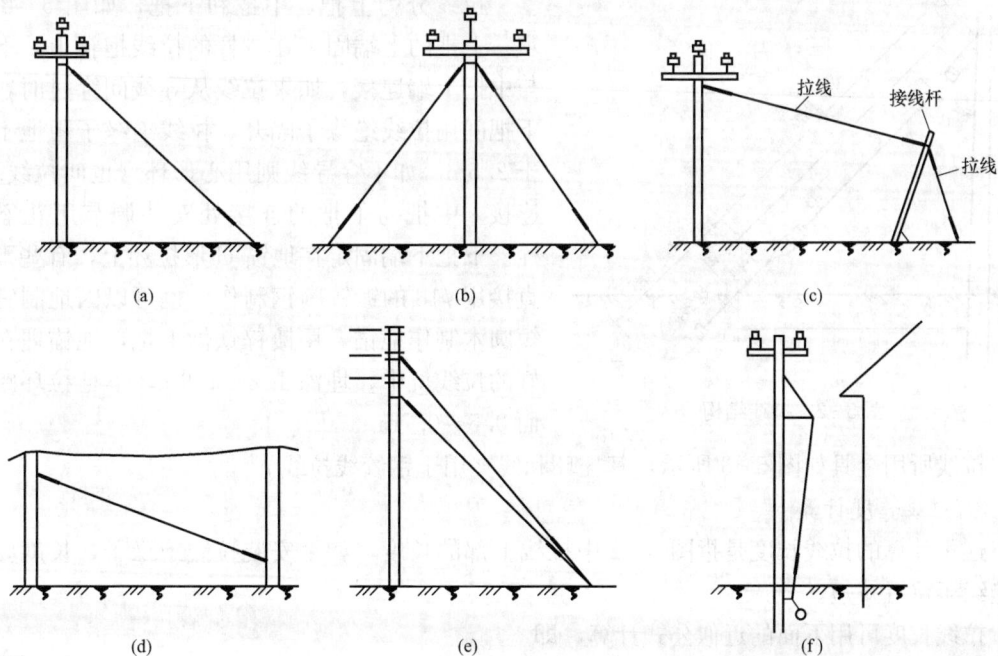

图5-1　各种拉线

（a）普通拉线；（b）人字拉线；（c）水平拉线；（d）共同拉线；（e）V形拉线；（f）弓形拉线

的功能是加强电杆防风倾倒的能力，如图 5 - 1（b）所示。

（3）十字拉线。

在顺线路方向的横线路方面各安装一组人字拉线，总称为十字拉线。十字拉线一般在（跨越档距大的无拉线的直线锥形水泥杆上安装十字拉线）耐张杆处装设，目的是加强耐张杆、直线锥形水泥杆的稳定性。

（4）水平拉线（简称高拉）。

水平拉线主要是为了不妨碍交通，在拉线需横跨道路时装设的。作法是在道路的另一侧，线路处长线上不妨碍人行的道旁立一根拉线杆，在杆上作一条拉线埋入地下，水平拉线则固定在拉线杆拉线的下方 10cm 处，如图 5 - 1（c）所示。

（5）共同拉线。

直线杆沿线路方向常常出现不平衡张力，如直线杆一侧导线粗，一侧导线细，装设普通拉线又没有条件，只可在两杆间设共同拉线，如图 5 - 1（d）所示。

（6）V 形拉线。

V 形拉线主要用在电杆较高，横担较多、张力较大的情况下。为使此种电杆受力均匀，可在张力合成点上下两处安装 V 形拉线，如图 5 - 1（e）所示。

（7）弓形拉线。

弓形拉线（又称自身拉线）用于受地形和周围环境的限制不能安装普通拉线的地方，如图 5 - 1（f）所示。

拉线是由拉线金具及拉线本身组成。

拉线用镀锌钢绞线或镀锌铁线（铅丝）制作。它们的最小截面分别是：镀锌钢绞线 25mm^2；镀锌拉线 $3 \times \phi 4.0$mm（8 号铅丝）。

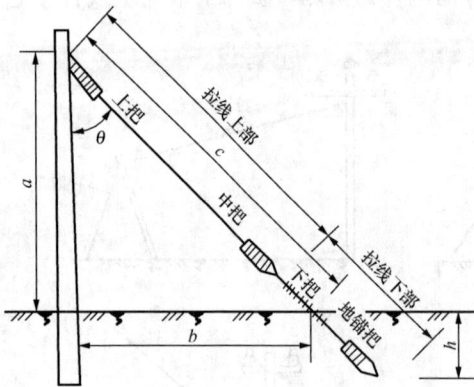

图 5 - 2　拉线结构

拉线分为上把、中把和下把，如图 5 - 2 所示。上把的上端固定在电杆的拉线抱箍上，下端与中把上端连接，如果拉线从导线间穿过时，上下把间用拉线绝缘子隔开，拉线绝缘子距地不小于 2.5m。如不穿导线则用心形环（也叫拉线环）连接。中把与下把的连接处安装调节用花篮螺栓。下把下端固定在地锚 U 形拉环上，有些下把直接用 $\phi 18$ 的镀锌圆钢制作，也可以因地制宜用短圆木制作地锚，用镀锌铁做下把，地锚埋在挖好的拉线坑中，埋深 1.2~1.9m，下把拉环距地面 0.5~0.7m。

拉线所用金具如图 5 - 3 所示，其挂环和线夹用于钢绞线拉线。

3. 拉线长度计算

这里计算的拉线长度是指图 5 - 2 中拉线上部的长度，如果安装拉线绝缘子，长度要根据绝缘子位置减短。

拉线长度可用下面的近似公式计算，即

$$c = k(a + b) \tag{5 - 1}$$

式中　c——拉线地面上的长度，m；

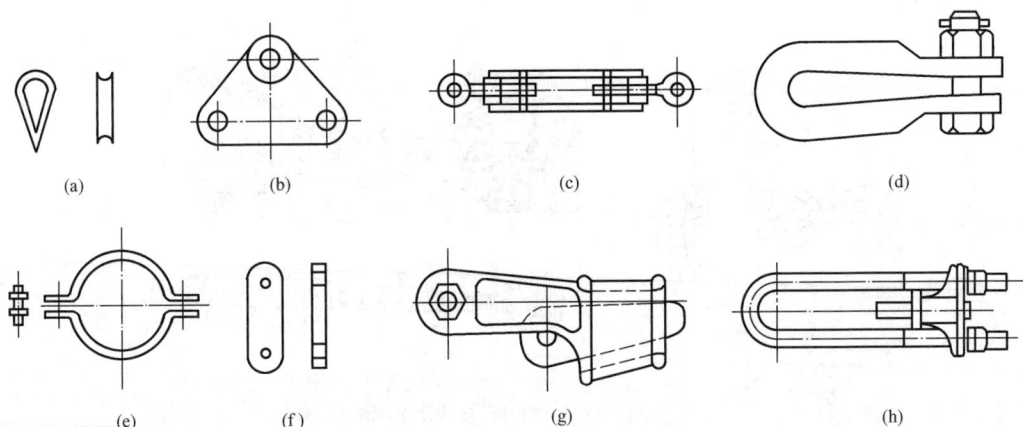

图 5-3　拉线用金具

(a) 心形环；(b) 双拉线联板；(c) 花蓝螺栓；(d) U 形拉线挂环；
(e) 拉线抱箍；(f) 双眼板；(g) 楔形线夹；(h) 可调式 UT 线夹

a——拉线安装高度，m；

k——系数，取 0.71~0.73；

b——拉线与电杆的距离，m。

当 $a=b$ 时，k 取 0.71；当 $a=1.5b$（$b=1.5a$）时，k 取 0.72；当 $a=1.7b$（$b=1.7a$）时，$k=0.73$。计算出拉线长度应减去拉线棒（或下把）出地面长度和花篮螺栓（或 UT 形线夹）的长度，再加上两端扎把折回部分的长度，才是下料长度。

二、工具及材料

1. 工具

紧线器 1 个、断线钳、钢丝钳 1 把、改锥 1 个、铁铲 1 把。

2. 材料

$\phi 4.0$mm 镀锌铁线或 25mm² 的镀锌钢绞线约 20m（根据实训场地具体情况经计算截取）、$\phi 1.6$mm 镀锌铁线若干、U 形卡子、心形环、楔形线夹（事先挖好拉线坑）。

三、操作步骤

1. 铁拉线绑扎

（1）下料：取 $\phi 4$mm 的镀锌铁线一盘，从内圈找到头，牵拉至远处电杆处，用"双 8 字扣"拴住，如图 5-4 所示。

铁线另一端用紧线器固定在另一根电杆上，紧线器如图 5-5 所示，先将紧线器拴在电杆上，再把铁线尽量拉直，夹在紧线器钳口中。

摇动摇柄，把铁线尽量拉直。由两至三人走到铁线中间位置，拉住铁线向后拉，不要用力过猛，适当拉伸即可。将铁线两端放开，这时铁线应能平直地放在地上，没有弯曲。

按计算的下料长度截取铁线，根据需要的拉力，拉线可以由 3、5、7 根铁线合股而成，下面以 7 根合股为例。

把 7 根镀锌铁线戳齐调直、调顺、排列组合如图 5-6 所示。先将头部用 $\phi 1.6$mm 镀锌铁线缠绕三圈后，用电工钳把铁线头拧成麻花形小辫约 3~4 个花，用电钳顺铁线方向拍倒，再每隔 1.2m 绑扎一道，如图 5-7 所示。

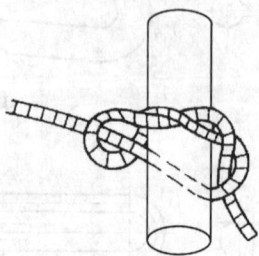

图 5-4　双 8 字扣

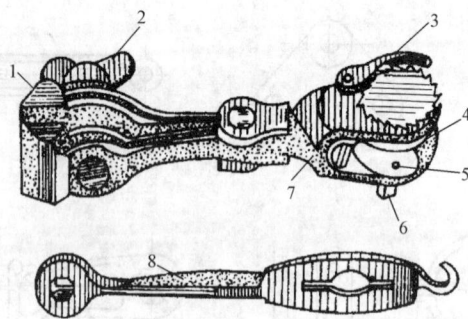

图 5-5　紧线器

1—钳口；2—蝶形螺栓；3—棘轮爪；4—滑轮；

5—圆孔；6—方轴；7—收线器；8—摇柄

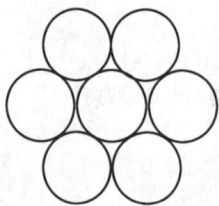

图 5-6　铁线排列情况

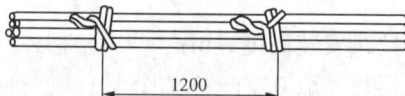

图 5-7　隔 1.2m 绑扎

将合股铁线一端绑在电杆上，另一端绑在一根铁棍上，顺时针方向将铁线绞合。

（2）弯曲线束形成口鼻：图 5-8 量取铁线长度，并在 X、Y、Z 三点用 ϕ1.6mm 铁线临时绑扎，方法同前。

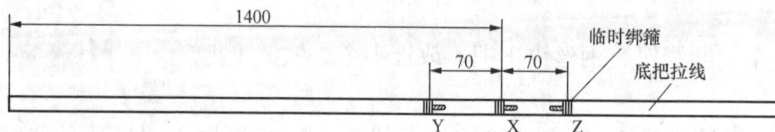

图 5-8　口鼻定位

两手握住 Y、Z 外 100mm 处，右膝盖顶住 X 处，用力向内弯曲，如图 5-9（a）所示，弯曲成 U 形，如图 5-9（b）所示，左右换手用力向外拉，拉到成图 5-9（c）所示形状。注意用力大小一样，把圆头鼻弯正。

两人用力把图中 3、4 号线拉开，上下换位，再弯回如图 5-9（d）所示。

把 4 号线夹在左腿下，右手握住圆头鼻子，左手将 3 号线向外平推，如图 5-9（e）所示。

将口鼻弯曲成图 5-9（f）所示的样子，把 3、4 号线束调直，向内合并成图 5-9（g）的样子。

（3）自缠法绑扎口鼻：绑扎方式如图 5-9（h）所示，将向 Y 处绑箍用电工钳磕打至图 5-9（h）所示位置。由副手将活扳手把或改锥穿入口鼻内，使之不能转动。将线束端绑箍打开，使 1.4m 长线束散开，从中取出第一根，如图 5-9（h）所示，顺时针缠绕 12 圈，缠绕时用电工钳拉紧。为缠绕方便，可将线头绕成小盘，如图 5-10 所示。

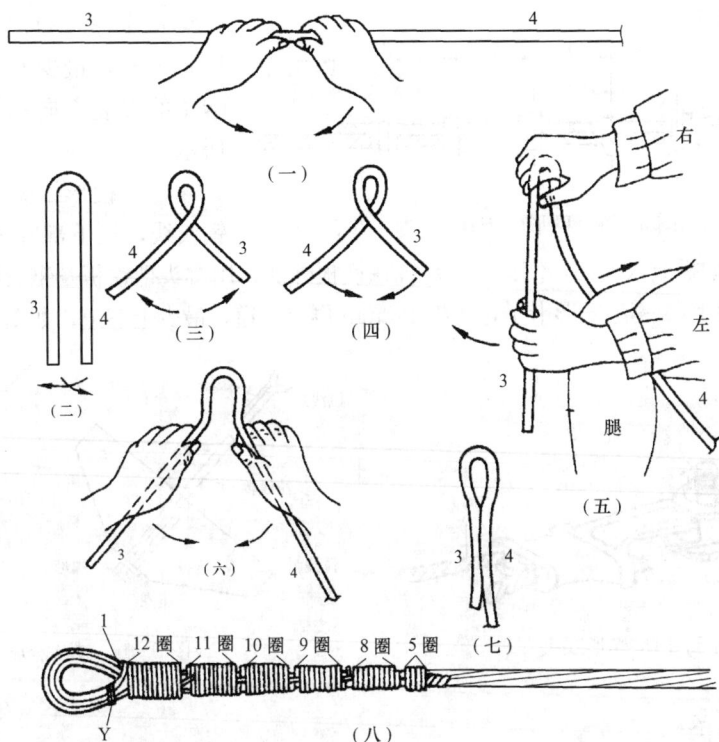

图 5-9　口鼻的弯曲

第一根线缠绕完成，取其左侧的一根为第二线，将第二线也盘成小盘，在与第一根线相交处向上弯曲 90°，弯曲时线要尽量抽紧，把第一、第二根线顺时针相绞 90°，使第一根线压在第二根线上，并与 3、4 号线束并拢，留 15mm 余下剪断。

第二根线在线束上缠线 11 圈，挑出第三根线重复上面的操作，将第二根线压住，用第三根线缠绕。

第六根线缠绕完成后，与剩下的第七根线拧

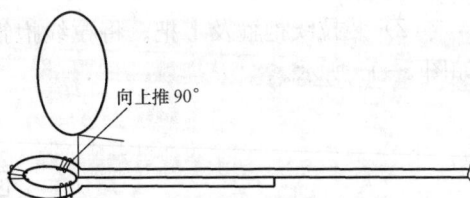

图 5-10　将线头绕成小盘

成小辫，拧 5 个花，余下剪断，并顺线束方向拍倒，拆掉 X、Y、Z 处临时绑箍。

（4）另缠法绑扎口鼻：另缠法是另外使用不小于 φ3.2mm 的镀锌铁线进行绑扎，绑扎方式如图 5-11 所示。

另缠法线束端头可留短一些，取 600～800mm，准备一根绑线，留取 600mm 一段与线束并在一起，

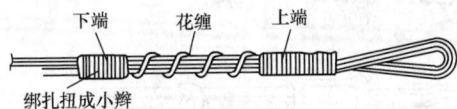

图 5-11　拉线另缠法

从口鼻圈根部开始缠绕，上端密绕 100～150mm，中段密缠 250mm，下端密缠 150mm。与压在线束中的绑线另一端拧成小辫，拧 5 个花，剪断、拍倒。

2. 钢铰线拉线绑扎

用钢铰线做拉线时，一般采用 U 形钢线卡子，也可以采用上述另缠法。

（1）普通钢铰线拉线绑扎：把钢铰线端部用 φ1.6mm 铁线绑扎 3 圈，量取适当长度（由 U 形卡子个数定长度）并折回放入心形环，由副手握紧，在心形环根部上第一道 U 形卡子，

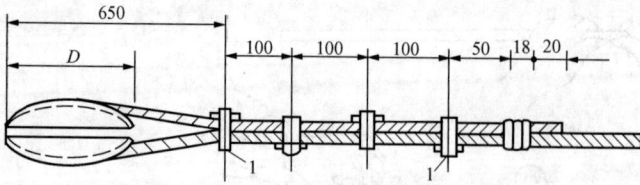

图 5-12　U 形卡绑扎

把螺栓上紧，每隔 150mm 上一道 U 形卡子，最少上三道。相邻两只卡子的安装方向相反，如图 5-12 所示。

（2）楔形线夹：量取适当长度钢铰线，从下部穿入楔形线夹再折回穿出，把楔形铁板放入线夹，使钢铰线环绕在铁板外侧，用榔头把铁板及钢铰线敲紧。在距线夹下口 100mm 处上第一道 U 形卡子，每隔 150mm 再上一道，最少上三道，如图 5-13 所示。

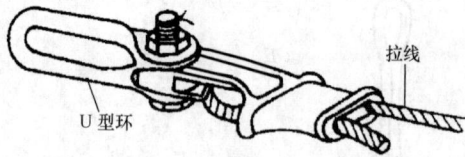

图 5-13　楔形线夹

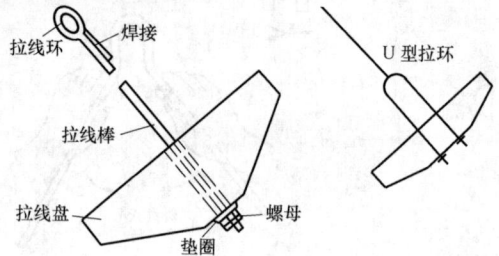

图 5-14　拉线盘

3. 拉线的安装

（1）埋拉线盘。按拉线设计位置挖拉线盘坑，坑深 1.2～1.9m。把成品拉线盘组装好，拉线棒穿入拉线盘孔，下面上两只螺母。摆好拉线角度，回填土并夯实。拉线盘的形式，如图 5-14 所示。

（2）装拉线抱箍及上把。将拉线抱箍装在横担上约 100mm 处，开口对准底把拉线棒，如图 5-15 所示。

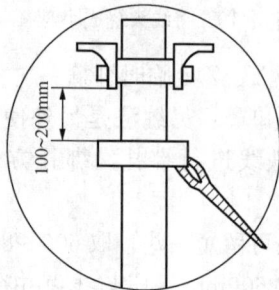

图 5-15　拉线抱箍

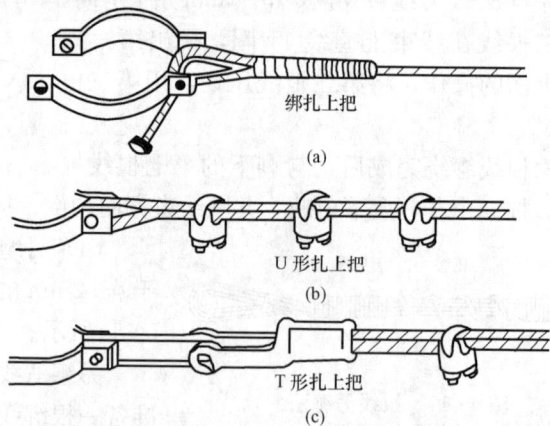

绑扎上把（a）

U 形扎上把（b）

T 形扎上把（c）

图 5-16　不同拉线上把与拉线抱箍的连接

不同的拉线上把与抱箍的连接方式如图 5-16 所示。

（3）与下把连接。拉线与下把连接有时中间要加花篮螺栓，用来调整拉线松紧程度，如图 5-17 所示，先把花篮螺栓连接好，并放到最大长度。调整完成后，用 φ1.6mm 镀锌铁线在花篮螺栓外花缠。

如果拉线上中把中间加绝缘子，做法如图 5-18 所示。

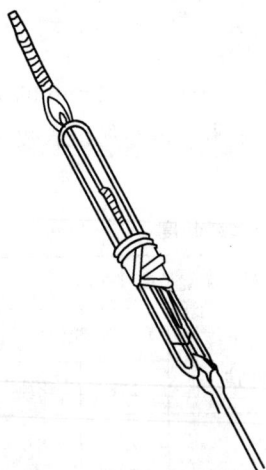

图 5-17　花篮螺栓下把

图 5-18　拉线绝缘子安装

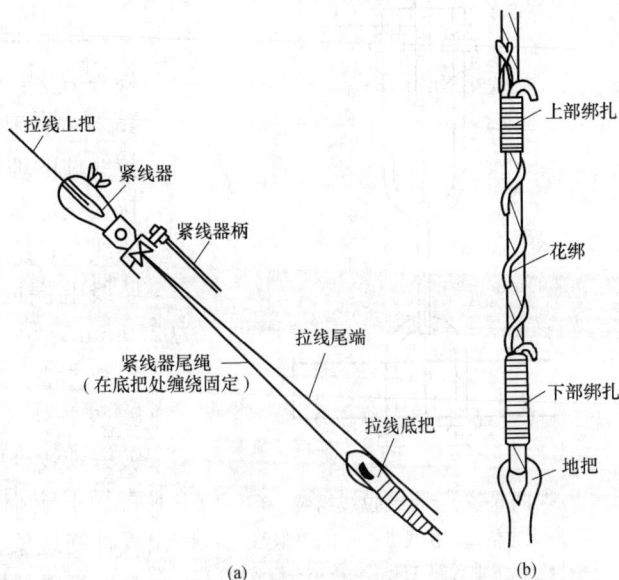

将拉线下端用紧线器夹住，并用紧线器把拉线拉紧到电杆向拉线方向倾斜一个杆梢位置。

把拉线下端穿过拉线棒孔或底把孔，用另缠法绑扎，如图 5-19 所示。

（4）UT 形线夹拉线安装：使用钢铰线做拉线时，常使用楔形线夹与 UT 形线夹配合安装，安装方式如图 5-20 所示。

四、拉线制作和安装检查质量标准

1. 拉线安装的规定

拉线安装后对地面夹角与设计值允许偏差：

35kV 架空电力线路不应大于 1°；

10kV 及以下架空电力线路不应大于 3°。

图 5-19　拉线施工
(a) 拉线的收紧；(b) 绑扎拉线

承力拉线应与线路方向的中心线对正；分角拉线就与线路分角线对正；防风拉线应与线路方向垂直。

检查方法：目测或用仪器检测。

2. 采用 UT 形线夹及楔形线夹安装的规定

安装前，丝上应涂润滑剂。线夹舌板与拉线接触应紧密，受力后无滑动现象。

拉线弯曲部分不应有明显松股，拉线断头处与拉线主线应固定可靠，线夹处露出尾线长度为 300～500mm。

UT 形线夹的双螺母应并紧，花篮螺栓应封固。

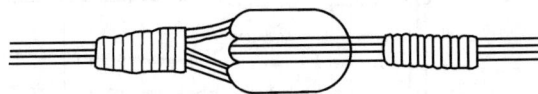

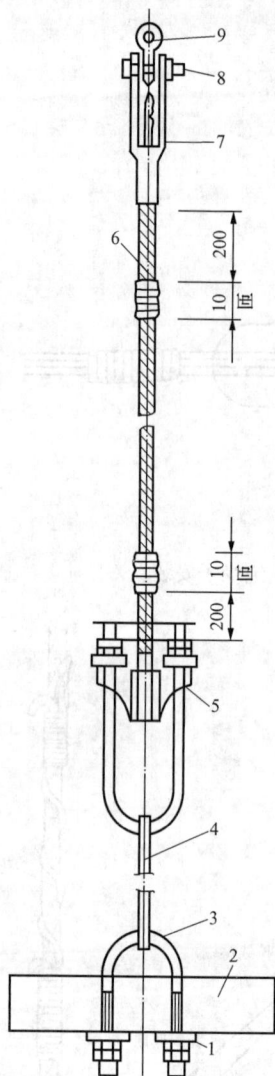

图 5-20　钢绞拉线组装

1—大方垫；2—拉线盘；3—U 形螺丝；
4—拉线棒(下把)；5—UT 形线夹；6—钢绞线；
7—楔形线夹；8—六角带帽螺丝；9—U 形挂环

检查方法：观察。

五、拉线制作与安装考核评分标准

拉线制作与安装考核评分见表 5-2。

检查方法：观察。

3. 用绑扎固定安装时的规定

拉线两端应设置心形环。

钢铰线拉线应采用直径不大于 3.2mm 的镀锌铁线绑扎固定。绑扎应整齐、紧密、最小缠绕长度应符合表 5-1 中的规定。

表 5-1　最小缠绕长度

钢铰线截面（mm²）	最小缠绕长度（mm）				
	上段	中段有绝缘子的两端	与拉线棒连接处		
			下端	花缠	上端
25	200	200	150	250	80
35	250	250	200	250	80
50	300	300	250	250	80

检查方法：观察和用尺测量。

4. 用拉线柱拉线安全的规定

拉线柱的埋设深度不应小于拉线柱长 1/6。

拉线柱应张力反方向倾斜 10°～20°。

坠线与拉线柱夹角不应小于 30°。

坠线上端固定点的位置距拉线柱顶端的距离应为 250mm。

检查方法：观察。

5. 镀锌铁线合股组成的拉线

镀锌铁线合股组成的拉线，其股数不应少于三股，单股直径不应小于 4.0mm，绞合均匀，受力相等，不应出现抽筋现象。

合股组成的铁锌线拉线采用自身缠绕固定时，缠绕应整齐紧密。缠绕长度：三股线不应小于 80mm，五股线不应小于 150mm。

表 5-2　拉线的制作与安装考核评分表

班级：　　姓名：　　考核项目：拉线制作与安装

序号	考核内容	评分标准	配分	得分
1	制作、定位地锚把	定位尺寸合理，尺寸不对扣 1～10 分	10	

序号	考核内容	评分标准	配 分	得 分
2	弯曲拉线把	弯曲部位和半径正确，部位及尺寸不对扣 2～20 分	20	
3	缠绕拉线把	缠绕操作规范，圈数对，松散、圈数不对扣 2～20 分	20	
4	制作拉地锚	深度合适，选位准确，深度不对、不受拉力扣 2～20 分	20	
5	安装拉线	拉线安装正确牢固，不牢固扣 1～10 分	10	
6	钢丝绳（钢绞线）束合	束合牢实（钢丝绳、钢绞线要与 UT 形线夹舌子相对吻合，不允许有较大间隙），圈数正确，松散、圈数不对扣 1～5 分	5	
7	工具使用方法正确，切口整齐	不会使用工具，切口不齐扣 2～5 分	5	
9	时间 240min	超过 10min 扣 5 分，未完成项目不计分	10	
10	合计			

第二节　绝缘子与横担组装操作实训

一、基础知识

1. 绝缘子

绝缘子的作用使导线和杆塔绝缘，同时还承受导线及各种附件的机械荷重。因此它必须有良好的电气性能和足够的机械强度。

绝缘子种类很多，大体上有针式、蝶式、悬式、瓷横担式等几种，另外还有硅橡胶绝缘子。各种绝缘子形式见图 5-21 所示。

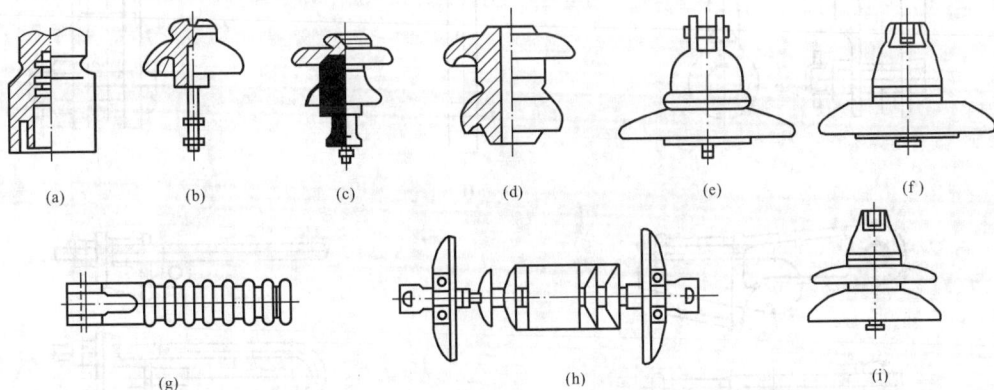

图 5-21　各类绝缘子

(a) 低压针式；(b)、(c) 高压针式；(d) 低压蝴蝶式；(e) 槽形悬式；
(f) 球形悬式；(g) 瓷横担；(h) 硅橡胶结缘子；(i) 防污形

2. 横担

横担是用来架设导线的，水泥电杆上的横担采用镀锌角钢制成，其规格是根据导线的根数而定，一般 50×5 以上角钢，长度 1.5m 左右。

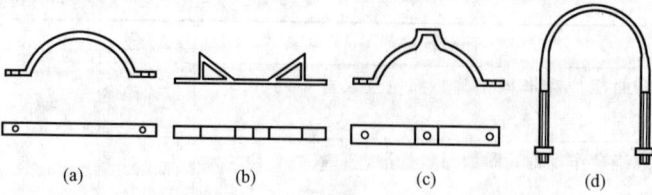

图 5 - 22　横担固定金具

(a) 圆形抱箍；(b) 横担垫铁；(c) 带凸抱箍；(d) 横担抱箍

3. 金具

将架空电力线路绝缘子、导线和避雷线悬挂或拉紧在杆塔上，将导线、避雷线接续起来，以及将拉线固定在杆塔上，所用的金属零件统称线路金具。如图 5 - 22、图 5 - 23 所示。

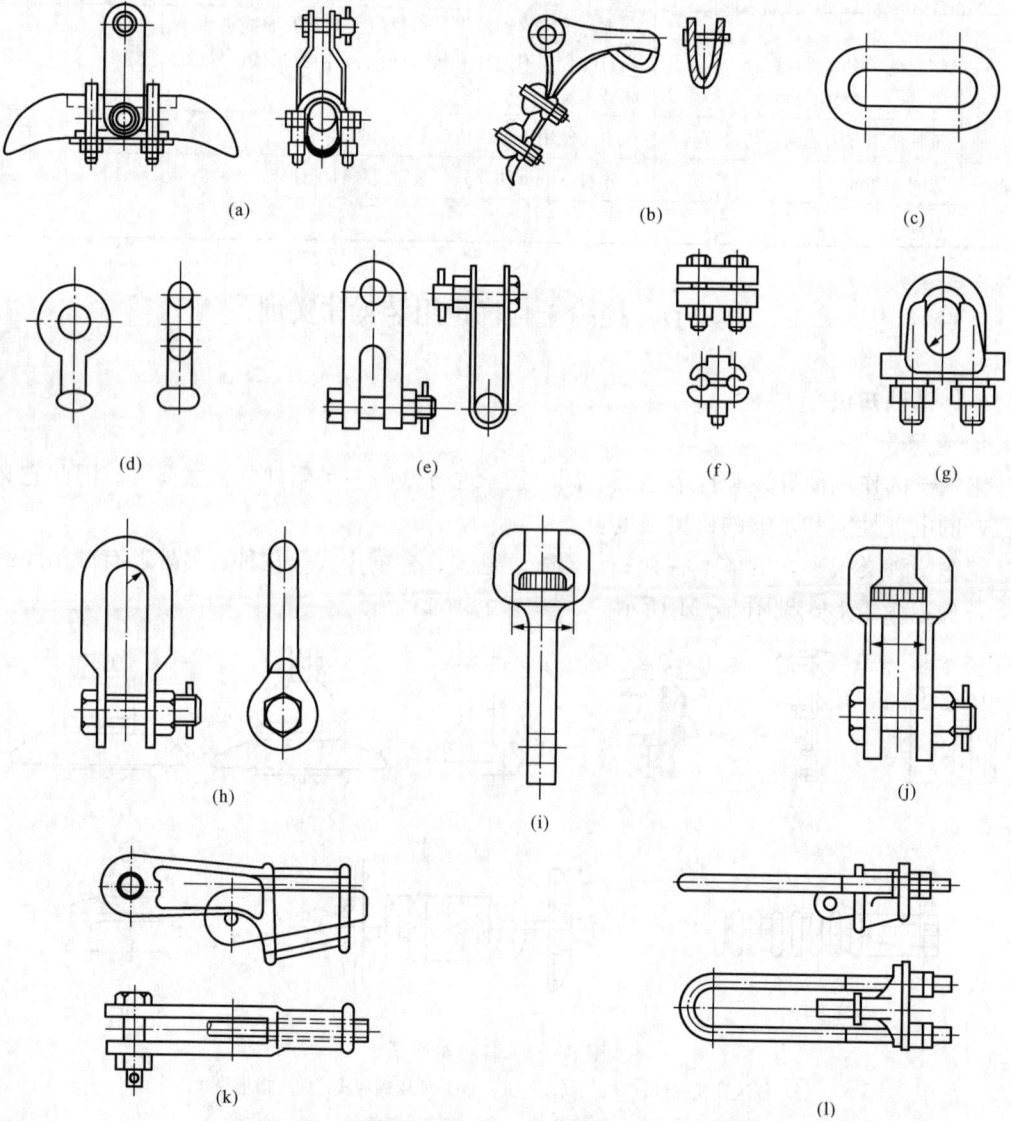

图 5 - 23　部分常用金具外形图

(a) 悬垂线夹；(b) 耐张线夹；(c) 挂环；(d) 球头挂环；(e) 直角挂板；(f) 并沟线夹；

(g) 钢线卡子；(h) U 形挂环；(i) 单联碗头挂板；(j) 双碗头挂板；(k) 楔形线夹；(l) UT 形线夹

　　线路金具按其性能和用途大致可分为悬垂线夹、耐张线夹、连接金具、接续金具、保护金具和拉线金具六大类，其名称和用途如表5-3所列。

二、材料及工具

1. 工具

安全带、脚扣、工具袋、扳手、尼龙绳。

2. 材料

角铁横担、U形抱箍、角撑、半圆铁板、曲形拉板、螺栓、滑轮、低压针材料式绝缘子、蝶式绝缘子。

表5-3　　　　　　　　　　　　　电力线路金具的分类和用途表

分　类	名　　称	用　　　途
悬垂线夹	悬垂线夹	用于将导线固定在直线杆塔的悬垂绝缘子串上，或将避雷线悬挂在直线杆塔的避雷线支架上
耐张线夹	螺栓形耐张线夹	用于将导线固定在耐张、转角杆塔的绝缘子串上。适用于固定中小截面导线；
	楔形耐张线夹	用于将避雷线（镀锌钢绞线）固定在耐张、转角杆塔上
连接金具	U形挂环、二联板、直角挂板、延长环、U形螺丝等球头挂环、碗头挂板	这类金具又称为通用金具，多用于绝缘子串与杆塔之间、线夹与绝缘子之间及避雷线线夹与杆塔之间的连接； 球窝形绝缘子的专用金具
接续金具	接续管（圆形）	一种用于大截面导线（钢芯铝绞线）的接线，另一种用于避雷线（镀锌钢绞线）的接续；
	接续管（椭圆形） 补修管	用于中小截面导线的接续； 一种用于导线（钢芯铝绞线）的补修，另一种用于避雷线（镀锌钢绞线）的补修；
	并沟线夹	一种用于导线作为跳线时的接续，另一种用于避雷线（镀锌钢绞线）作为跳线时的接续
保护金具	防振锤 预绞丝护线条 预绞丝补修条 重锤	抑制导线、避雷线振动，起保护作用； 起保护导线的作用； 导线损伤时补修用； 抑制悬垂绝缘子串及跳线绝缘子串摇摆角过大及直线杆塔上导线、避雷线上拔
拉线金具	UT形线夹	可调式的用于固定和调整杆塔拉线下端，不可调式的用于固定杆塔拉线上端；
	楔形线夹 拉线二联板	用于固定杆塔拉线上端； 用于连接两根组合拉线

三、操作步骤

　　(1) 登杆：系好安全带、带好工具袋、尼龙绳，穿好脚扣登杆，登到杆顶装横担位置，将保险带在杆上绕两圈后扣好，稳定身体后，在杆上绑滑轮，用套牛扣扣在杆上。把尼龙绳穿过滑轮，两端放到地面。

　　(2) 吊横担：地面的人把横担拴在尼龙绳上，并用U形抱箍、M形抱箍拴在横担上，用滑轮将横担吊到杆顶。

（3）装横担：把横担移到身前保险带上，紧靠电杆，取下抱箍，按图5-24、图5-25所示装好，紧固螺栓。紧固过程中，依杆下人的指示，调整横担的方向和水平度。

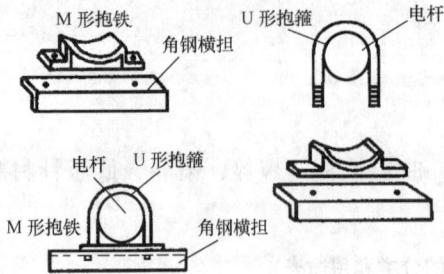

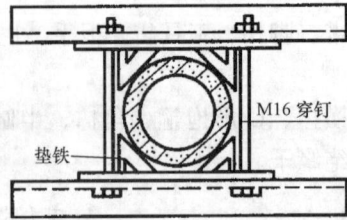

图5-24　单横担的安装　　　　　　　图5-25　双横担的安装

多横担电杆组装横担时，从电杆最上端开始。单横担装在负荷侧。

（4）装角撑：吊上角撑和半圆夹板，把角撑上部用螺栓固定在横担上，一边一块。调整安全带和脚扣到合适的高度，把半圆夹板和角撑另一端固定在电杆上，要保持横担水平。

（5）装绝缘子：调整在杆上的高度，把保险带从横担穿过来扣好。吊上绝缘进行安装。针形绝缘子紧固时要加弹簧垫片。蝶式绝缘子安装时，固定拉铁和绝缘子的螺栓要从下向上穿。

常用绝缘子的安装方法，如图5-26、图5-27所示。

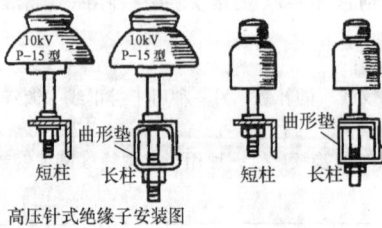

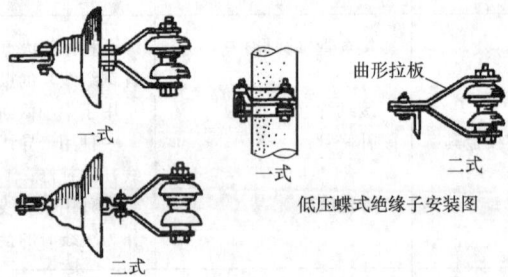

图5-26　针式绝缘子安装图　　　　　　图5-27　蝶式绝缘子安装图

（6）下杆：拆下滑轮，吊到地面，解开安全带，下杆。

（7）拆除横担，反复训练。

四、绝缘子和横担组装质量检查

1. 线路单横担安装位置

线路单横担的安装，直线杆应装于受电侧；分支杆、90°转角（上、下）及终端杆应装于拉线侧。

检查方法：观察。

2. 横担安装偏差

横担端部上下歪斜不应大于20mm。

横担端部左右扭斜不要大于20mm。

双杆的横担，横担与电杆连接处的高度差不应大于连接距离的5/1000；左右扭斜不应大于横担长度的1/1000。

检查方法：用仪器测量。

3. 绝缘子安装要求

安装应牢固，连接可靠，防止积水。

安装时，应清除表面灰垢，附着物及不应有的涂料。

绝缘子裙边与带电部分的间隙不应小于 50mm。

检查方法：观察检查。

4. 高压绝缘子的要求

35kV 架空电力线路的瓷悬式，安装前应采用不低于 5000V 兆欧表逐个进行绝缘子电阻测定，在干燥情况下，绝缘电阻值不得小于 500MΩ。

检查方法：用兆欧表测量。

五、考核评分

杆上组装横担考核评分见表 5 - 4。

表 5 - 4 杆上组装横担考核评分表

班级： 姓名： 考核项目：杆上组装横担考核

序 号	考核内容	评分标准	配分	得分
1	装横担	安装要牢固、水平、方向正确，不牢固、歪斜、高空掉物、扣 5～15 分	30	
2	装角撑	安装要牢固、周正，不牢固、歪斜扣 5～10 分	20	
3	装绝缘子	方法正确、不损伤绝缘子，方法不正确、高空掉物、扣 5～10 分，绝缘子损伤扣 10～20 分	20	
4	登杆	姿势正确、迅速，姿势不正确、上杆就位后不系安全带、不打保险绳扣 1～5 分	5	
5	安全措施	安全措施正确，未做安全措施扣 5 分	5	
6	时间 1h	超过 10min 扣 5 分，未完成项目不计分	10	
7	其他	工具收检、场地清理，工具不收检、场地不清理扣 5～10 分	10	
8	合计		100	

第三节 10kV 交联电缆热缩中间接头的制作实训

一、基础知识

热收缩型电缆附件是以聚合物为基础材料而制成的所需要的型材，经过交联工艺，使聚合物的线性分子变成网状结构的体型分子，经加热扩张至规定尺寸，再加热能自行收缩到预定尺寸的电缆附件。

绝缘电缆热收缩型终端和中间接头是用热收缩部件组装而成的。热收缩型终端和中间接头用的附加绝缘、屏蔽、护层、雨罩及分支套等称为热收缩部件，主要有：

1. 热收缩绝缘管（简称绝缘管）

热收缩绝缘管是电气绝缘用的管形热收缩部件。

2. 热收缩半导电管（简称半导电管）

热收缩半导电管是体积电阻系数小于 $10^3\Omega\cdot cm$ 的管形热收缩部件。

3. 热收缩应力控制管（简称应力管）

热收缩应力控制管是具有相应要求的介电系数和体积电阻系数、能缓和电缆端部和接头处电场集中的管形热收缩部件。

4. 热收缩耐油管（简称耐油管）

热收缩耐油管对使用中长期接触的油类具有良好耐受能力的管形热收缩部件。

5. 热收缩护套管（简称护套管）

热收缩护套管作为密封，并具有一定的机械保护作用的管形热收缩部件。

6. 热收缩相色管（简称相色管）

热收缩相色管作为电缆线芯相位标志的管形热收缩部件。

7. 热收缩分支套（简称分支套）

热收缩分支套作为多芯电缆线芯分开处密封保护用的分支形热收缩部件，其中以半导电材料制作的称为热收缩半导电分支套（简称半导电分支套）。

8. 热收缩雨裙（简称雨裙）

热收缩雨裙用于电缆终端，增加泄漏距离和湿闪络距离的伞形热收缩部件。

9. 热熔胶

热熔胶是加热熔化黏合的胶黏材料，与热收缩部件配用，以保证加热收缩后界面紧密黏合，起到密封、防漏和防潮作用的胶状物。

10. 填充胶

填充胶与热收缩部件配用，填充收缩后界面结合处空隙部的胶状物。

上述各种类型的热收缩部件，在制造厂内已经通过加热扩张成所需要的形状和尺寸并经冷却定型。使用时经加热可以迅速地收缩到扩张前的尺寸，加热收缩后的热收缩部件可紧密地包敷在各种部件上组装成各种类型的热收缩电缆附件。

热收缩电缆附件是用热收缩材料代替瓷套和壳体，以具有特征参数的热收缩管改善电缆终端的电场分布，以软质弹性胶填充内部空隙，用热熔胶进行密封，从而获得了体积小、重量轻、安装方便、性能优良的热收缩电缆附件。

电缆附件型号的组成和排列顺序作了如下规定：

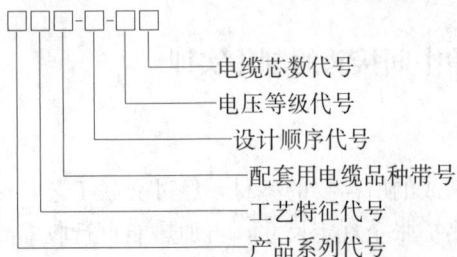

```
□□□-□-□□
        └── 电缆芯数代号
       └──── 电压等级代号
      └────── 设计顺序代号
     └──────── 配套用电缆品种带号
    └────────── 工艺特征代号
   └──────────── 产品系列代号
```

其中，系列代号：N—户内型终端系列；W—户外型终端系列；J—直通型接头系列。

工艺特征代号：RS—热缩型。

配套使用电缆品种代号：（省略）—绝缘电力电缆；Z—纸绝缘电力电缆；J—挤包绝缘电力电缆。

设计的先后顺序代号：1—第 1 次设计；
　　　　　　　　　　　2—第 2 次设计；以下类推。

电压等级代号：1—1.8/3kV 以下；2—3.6/6.6kV、6.6/10kV；

　　　　　　　3—8.7/10kV、8.7/15kV；4—12/30kV；5—21/35kV、26/35kV。

电缆芯数代号：1—单芯；3—三芯；5—五芯。

示例：

（1）WRS-1-33、JB7829—1995 表示：8.7/10kV 交联电力电缆户外型热收缩终端，第 1 次设计。

（2）NRSZ-2-33、JB7829—1995 表示：8.7/10kV 三芯纸绝缘电力电缆户内型热收缩终端，第 2 次设计。

二、工具及材料

1. 工具

常用电工工具 1 套、裁纸刀一把、钢锯 1 把、压钳 1 把、液化气喷枪及液化气。

2. 材料

热缩中间接头电缆附件 1 套（带配套材料）、50mm² 三芯交联电力电缆 2.0m 左右。

三、操作步骤

1. 剥切电缆

按图 5-28 所示尺寸剥切电缆，从内向外依次为外护套、钢铠、内护套。把电缆芯线适当的分开，在图中接头中心处重叠 200mm，从中心处锯断线芯，锯口要平齐。

2. 剥切各相线铜屏蔽层，半导电屏蔽层

剥切尺寸如图 5-29 所示，绝缘层的的前端削成铅笔头形，在绝缘层与半导电层相接处刷 15mm 长导电漆。

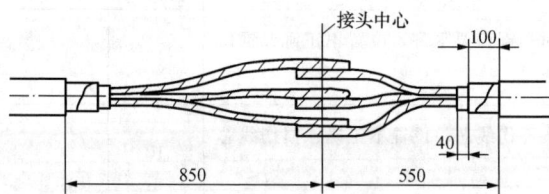

图 5-28　电缆剥切尺寸

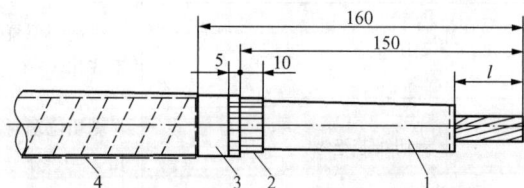

图 5-29　各层剥切尺寸

1—绝缘层；2—导电层；3—半导电层；4—铜屏蔽带

3. 套上各种热缩管

将内护套，铠装铁盒，外护套依次套在电缆上，将热缩绝缘管、半导电管、铜丝网管依次套在各相线芯长端上，铜丝网管要扩张缩短。

4. 压接连接管

将三相线芯分别插入已清洗好的连接管，进行点压接。用锉刀去除连接管表面毛刺，校直电缆，用清洁剂清洁连接管表面，准备包绕屏蔽和绝缘。

5. 包绕屏蔽层和绝缘层

用半导体胶带填平连接管的压坑，并用半叠绕方式在连接管上包绕两层。用自粘带拉伸包绕填平连接管与绝缘层端部（铅笔头部分）间的空隙。从距长端半导体 10mm 处开始到短端距半导体层 10mm 处，用自粘带半叠绕包绕 6 层。

6. 装热缩管和铜丝网管

将热缩绝缘管从长端线芯上移到连接管上，中部对正，从中部加热向两端收缩。加热时要均匀缓慢环绕进行，保证完好收缩。在绝缘管两端与半导电层上用半导电带以半叠绕方式绕包成约 40mm 长的锥形坡，以达到平滑过渡。将热缩半导电管从长端移到绝缘管上，中部对正，从中部向两端加热收缩。两端部包压在铜带屏蔽层上约 $10\sim20$ mm。将铜丝网从长端移到半导电管上，对正中心，将铜丝网拉紧拉直，平滑紧凑地包在半导电管上，两端用铜丝绑在铜带屏蔽层上并用焊锡焊好。

7. 热缩内护套

将三线芯并拢收紧用塑料带缠绕扎紧。在内护套端部用热熔胶带缠绕 $1\sim2$ 层或涂密封胶。将热缩内护套移到线芯外，从中部开始加热收缩。

8. 装铠装铁盒，焊接地线

把铠装铁盒移到热缩内护套外。用油麻分五点扎紧。在两端钢铠上及铁盒上焊铜编织接地线进行跨接。

9. 装热缩外护套

在铁盒两端用热熔胶带缠绕 $1\sim2$ 层或涂密封胶，将热缩外护套套在铠装铁盒外，从中部向两端加热收缩。收缩完毕后，在热缩外护套两端用自粘胶带包 3 层，包在热缩外护套上和电缆外套上各 100mm。待中间完全冷却后，才可移动。

四、考核评分

10kV 交联电缆热缩中间接头制作评分见表 5 - 5。

表 5 - 5 　　　　　　　　　 **10kV 交联电缆热缩中间接头制作考核评分表**

班级：　　　　姓名：　　　　　　　考核项目：10kV 交联电缆热缩中间接头制作

序号	项 目	考核内容及评分标准	配分	得分
1	剥切电缆	主剥切位置对、锯口要平齐，位置不正确、锯口不齐扣 $3\sim10$ 分	10	
2	剥切线芯绝缘	剥切位置对、不伤线芯，位置不正确、损伤线芯扣 $3\sim10$ 分	10	
3	包绝缘层	使用材料正确，包绕平滑紧密，使用材料不正确，包绕不平滑扣 $3\sim10$ 分	10	
4	装热套管	热缩不皱、不裂、不焦，有皱、裂、焦扣 $3\sim10$ 分	10	
5	装护套	内外护套热缩不皱、不裂、不焦，铠装铁盒扎紧，有皱、裂、焦扣 $3\sim20$ 分，铁盒扎不紧扣 3 分	20	
6	套热缩管	层次正确，层次不正确扣 $2\sim5$ 分	5	
7	压接线管	压坑位置正确，不翻边，位置不正确、翻边，扣 $2\sim10$ 分	10	
8	焊接	焊接点牢固、光滑，焊点不牢、不光滑扣 $2\sim5$ 分	5	
9	时间 8h	超过 30min 扣 5 分，未完成项目不计分	10	
10	其他	工具收检、场地清理，在施工工地不正确着装、不正确配带防护用品扣 $5\sim7$ 分	10	
	合计		100	

第四节　6～15kV交联电缆户内、外电缆热缩终端头制作实训

一、基础知识

1. 电缆终端的分类

（1）户内终端。安装在室内环境下使电缆与供电设备相连接。在即不受阳光直接辐射，又不暴露在大气环境下使用的终端。

（2）户外终端。安装在室外环境下使电缆与架空线或其他室外电气设备相连接。在受阳光直接辐射，或暴露在大气环境下使用的终端。

2. 电缆终端的基本技术要求

安装竣工后的电缆终端应满足以下的基本技术要求。

（1）导体连接良好。对于终端，电缆导电线芯与出线杆、接线端子之间要连接良好，要求连接点的接触电阻小而且稳定。与同长度同截面导线的电阻相比，对新装的电缆终端其比值应不大于1；对已运行的电缆终端其比值应不大于1.2。

（2）绝缘可靠。要有能满足电缆线路在各种状态下长期安全运行的绝缘结构，所用绝缘材料不应在运行条件下加速老化而导致降低绝缘的电气强度。

（3）密封良好。结构上要能有效地防止外界水分和有害物质浸入到绝缘中去，并能防止附件内部的绝缘剂向外流失，避免"呼吸"现象发生，保持气密性。

（4）有足够的机械强度。能适应各种运行条件、能承受电缆线路上产生的机械应力而不受损伤。

（5）防腐蚀。能防止环境对电缆终端的腐蚀。

二、工具及材料

1. 工具

常用电工工具1套、裁纸刀1把、钢锯1把、压钳1把、液化气喷枪及液化气。

2. 材料

热缩电缆附件1套（带配套材料）、50mm^{2}三芯交联电力电缆2.5m。

三、操作步骤

1. 剥外护套

将电缆垂直固定，经测试合格后，剥除电缆外护套650mm，见图5-30所示。

2. 剥铠装、内护层

保留30mm铠装层，用扎线扎紧后剥除，再保留10mm内护层，其余剥除。临时包扎线芯端部，清理填充物，将三芯分开并整形，见图5-31。

3. 焊地线及屏蔽地线

清理铠装表面，并用锉刀将铠装表面打毛，用扎线将铜编织线扎紧在铠装层上，焊牢。再用焊锡焊实编织线空隙，以形成防潮段，在与铠装地线不重叠的位置，将铜编织线分成三股，分别用扎线扎紧在内护套以上30mm范围的各相铜屏蔽上，并用焊锡将其焊牢，再用锡焊焊实编织空隙，形成防潮段（注意单接地时用一根铜编织带同时连接三相铜屏蔽及铠装，其余步骤类同），如图5-32所示。

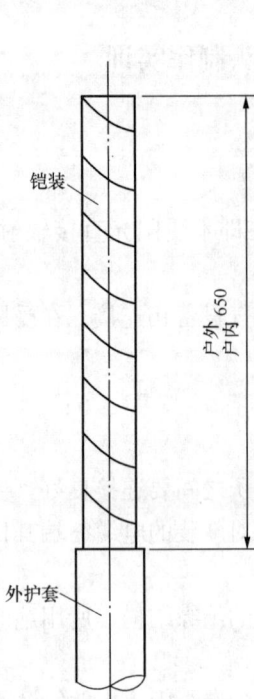

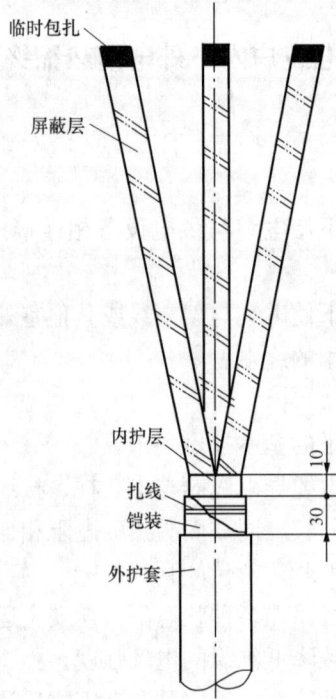

图 5-30　剥外护套　　　图 5-31　剥铠装、内护层　　　图 5-32　焊地线及屏蔽地线

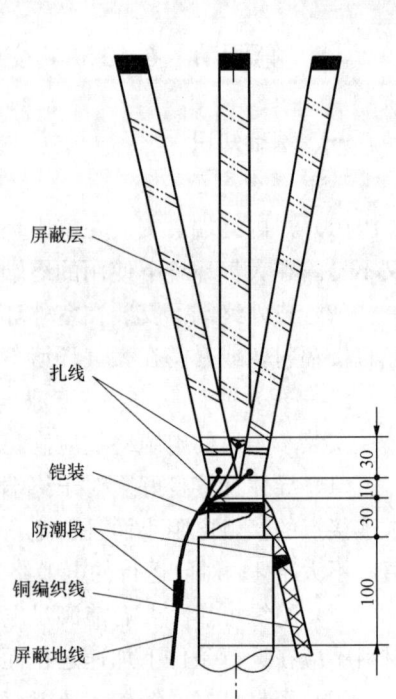

4. 绕包填充胶

掀起铜编织线，在电缆外护套断口绕上两层填充胶，然后将接地铜编织带压入填充胶里。在外面再绕上几层填充胶。使铜编织线分别埋入填充胶里（注意两铜编织线不能接触），再分别绕包三叉口（注意绕包后的外径小于分支手套内径）。最后在离护套断口约 50mm 处，将铜编织线固定，见图 5-33。

5. 装分支手套

将分支手套套入已包好填充胶的电缆根部，往下压紧，由分支的根部处向两端加热收缩固定，见图 5-34。

6. 剥铜屏蔽及半导电层

从分支手套端部量取 20mm 铜屏蔽层，其余剥除，再量取 20mm 半导电层按图 5-35 将半导电层处理成坡口形状，清理线芯绝缘表面。

7. 剥线芯绝缘

由电缆末端量取 $L+5$mm（L 为端子孔深），剥除电缆芯绝缘，并在绝缘断口打一小斜坡，见图 5-36 所示。

8. 压接线端子

套上接线端子，压接。将毛刺打光，并清洗端子及电缆绝缘表面。在端子与电缆绝缘之间绕包填充胶，如图 5-37 所示尺寸。

9. 装应力控制管

将电缆从上向下揩干净后，在半导电层断口以上 110mm 长涂上薄薄一层硅脂，将应力控制管套入到位，从下向上加热收缩固定（注意加热火焰柔和为宜，避免过于猛烈，以防因温度过高烧坏应力控制管），见图 5-38 所示。

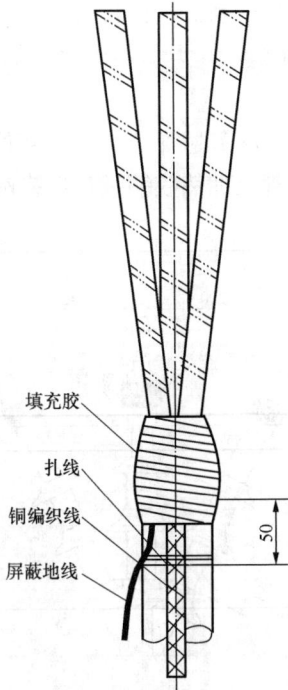

图 5-33 绕包填充胶 图 5-34 装分支手套 图 5-35 剥铜屏蔽及半导电层

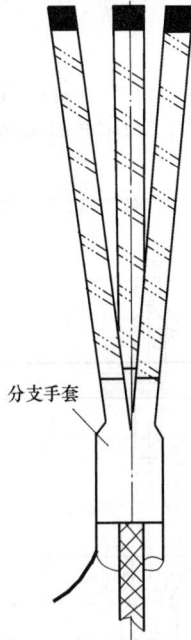

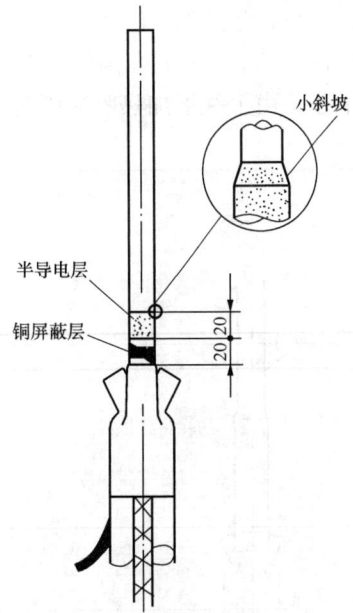

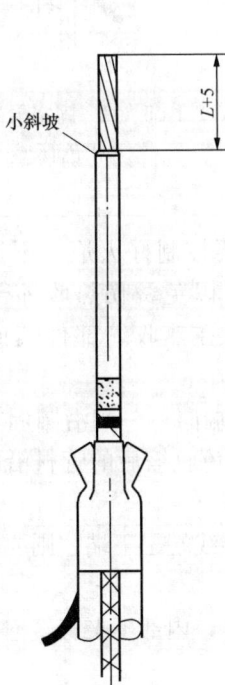

图 5-36 剥线芯绝缘 图 5-37 压接线端子 图 5-38 装应力控制管

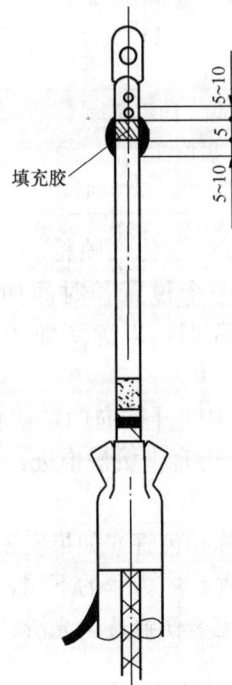

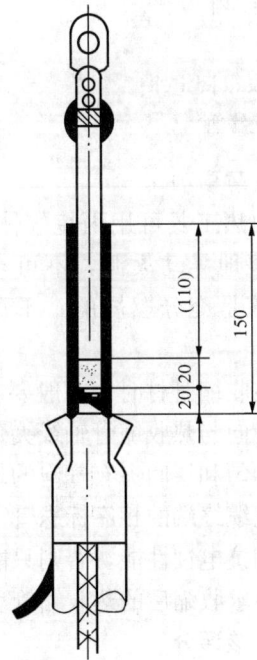

10. 固定外绝缘管

将绝缘管有密封胶一端套至分支套三叉根部，从下往上加热收缩固定，见图 5-39。

11. 固定密封相色管

户内头将密封相色管套在端子部分，先预热端子，由上往下加热收缩固定（户内头安装完毕），见图5-40。

12. 固定雨裙及相色管

按图5-41套入三孔雨裙、单孔雨裙，加热颈部收缩固定，将密封管套在端子部位，先预热端子，由上往下加热收缩固定，最后，将相色管套在密封管上加热收缩，户外终端安装完毕。

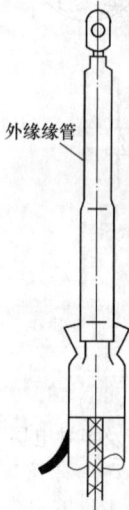

图5-39　固定外
绝缘管

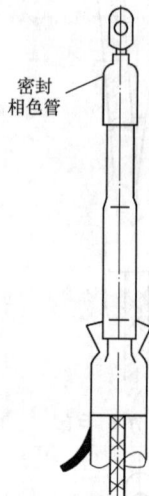

图5-40　固定密封
相色管

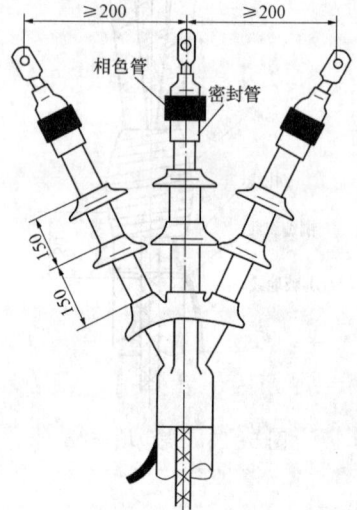

图5-41　固定雨裙及
相色管

四、注意事项

（1）加热工具可用丙烷气体喷灯或液化气喷枪。一定要控制好火焰，不能过大，操作时要不停地晃动火源，不可对准一个位置长时间加热，以免烫伤热收缩部件。喷出的火焰应该是充分燃烧的，不可带有烟，以免炭粒子吸附在热收缩部件表面，影响其性能。

（2）在收缩管材时，一般要求从中间开始向两端或从一端向另一端沿圆周方向均匀加热，火焰方向与热收缩管轴线夹角45°为宜，缓慢推进，以避免收缩后的管材沿圆周方向出现厚薄不均匀和层间夹有气泡的现象。

（3）电缆终端的相序标志管（俗称相色管）如果安置在接线端子下端，则要求该管有良好的抗漏和抗电蚀性能，否则只能安置在应力管的下端。

（4）要求收缩后的热收缩管表面无烫伤痕迹，光滑、平整，内部不夹有气泡。

五、考核评分

10kV交联电缆热缩终端头制作练习评分见表5-6。

表 5-6　　　　　　　　　**10kV 交联电缆热缩终端头制作考核评分表**

班级：　　　姓名：　　　　　　　考核项目：10kV 交联电缆热缩终端头制作

序号	项 目	考核内容及评分标准	配分	得分
1	剥外护套	剥切尺寸正确，不正确扣 5 分	5	
2	剥铠装，内护套	剥切尺寸正确，不正确扣 5 分	5	
3	焊接地线及屏蔽线	尺寸符合要求，不正确扣 10 分 铠装处理正确，不正确扣分 焊接工艺符合要求，一处不合要求扣 5 分 （焊接点牢固、光滑）	20	
4	绕包填充胶	尺寸符合要求，不正确扣 10 分 填充胶绕包符合要求，一处不合要求扣 5 分	5	
5	装分支手套	加热姿势正确，不正确扣 5 分 分支手套热缩不皱、不裂、不焦，不紧，一处不合要求扣 5 分	5	
6	剥铜屏蔽及半导电层	剥切尺寸正确，不正确扣 5 分	5	
7	剥线芯绝缘	剥切尺寸正确，不伤线心，不正确扣 5～10 分	10	
8	压接线端子	工具使用正确，压坑位置正确，不正确扣 5 分 压接后的处理，未处理扣 5 分	5	
	装应力控制管 固定外绝缘管 固定密封相色管 固定雨裙及相色管	热缩不皱、不裂、不焦，一处不合要求扣 10 分	30	
9	时间 8h	超过 30min 扣 5 分，未完成项目不计分	5	
10	其他	工具收检、场地清理，在施工工地不正确着装、不正确配戴防护用品扣 5～7 分	5	
	合计		100	

第五节　6～15kV 交联电缆户内冷缩终端制作实训

一、基础知识

1. 冷收缩型电缆附件的结构

冷收缩型电缆附件通常是用弹性较好的橡胶材料（常用的有硅橡胶和乙丙橡胶）在工厂内注射成各种电缆附件的部件并硫化成型之后，再将内径扩张并衬以螺旋状的塑料支撑条以保持扩张后的内径。

现场安装时，将这些预扩张件套在经过处理后的电缆末端（终端）或接头处（中间接线头），抽出螺旋状塑料支撑条，橡胶件就会收缩压在电缆绝缘上，从而构成了终端或中间接头。由于它是在常温下靠弹性回缩力，而不是像收缩电缆附件要用火加热收缩，故称为冷收缩附件。

目前冷收缩型电缆附件技术已趋成熟。电压等级从 10kV 到 35kV 的冷收缩型终端普遍都采用冷收缩应力控制管。1kV 电压等级的冷收缩型中间接头采用冷收缩绝缘管作增强绝缘；10kV 到 35kV 电压等级的冷收缩型中间接头采用带内、外伴导电屏蔽层的接头冷收缩绝缘件。另外，三芯电缆终端分叉处也采用冷收缩分支套。

2. 冷收缩型电缆附件的特点

冷收缩型电缆附件具有以下特点：

（1）冷收缩型电缆附件采用硅橡胶或乙丙橡胶材料制成，抗电晕及耐腐蚀性能强。电性能优良，使用寿命长。

（2）安装工艺简单。安装时，无需专用工具，无需用火加热。

（3）冷收缩型电缆附件产品的通用范围宽，一种规格可适用多种电缆线径。因此冷收缩型电缆附件产品的规格较少，容易选择和管理。

（4）与热收缩型电缆附件相比，除了它在安装时可以不用火加热从而更适用于不宜引入火种场所安装外，在安装以后挪动或弯曲时也不会像热收缩型电缆附件那样容易在附件内部层出现脱开的危险。这是因为冷收缩型电缆附件是靠橡胶材料的弹性压紧力紧密贴附在电缆本体上，可以适从于电缆本体适当的变动。

（5）与预制式电缆附件相比，虽然两者都是靠橡胶材料的弹性压紧力来保证内部界面特性，但是冷收缩型电缆附件不需要像预制式电缆附件那样与电缆截面一一对应，规格比预制式电缆附件少，另外，在安装到电缆上之前，预制式电缆附件的部件是没有张力的，而冷收缩型电缆附件是处于高张力状态下，因此必须保证在储存期内，冷收缩型部件不能有明显的永久变形或弹性应力松弛，否则安装在电缆上以后不能保证有足够的弹性反紧力，从而不能保证良好的界面特性。

二、工具及材料

1. 工具

常用电工工具 1 套、裁纸刀 1 把、钢锯 1 把、压钳 1 把。

2. 材料

冷缩电缆附件 1 套（带配套材料）、50mm² 三芯交联电力电缆 2.5m。

三、操作步骤

1. 剥外护套、铠装和内护套

剥去电缆外护套：700mm，留 30mm 铠装及 10mm 内护套，其余剥去，并用胶带将每相铜屏蔽带端头临时包好，清理填充物，将三相分开，见图 5-42。

2. 焊接地线，确定安装尺寸（见图 5-43）

用锉刀打毛铠装表面；用扎线将一根小截面铜编织带扎紧在铠装上，用锡焊牢（或用一大弹簧抱箍将铜编织带直接箍紧在铠装上）；将另一大根大截面铜编织线分成三股，分别用扎线扎紧在内护套以上 30mm 处的三相铜蔽屏上，用锡焊牢（或用小弹簧抱箍将铜编织带直接箍紧在各相铜屏蔽上）；掀起两编织带，在电缆内、外护套断口上绕两层填充胶，将两铜编织带（进行过渗锡处理）压入其中，在其上绕几层填充胶；再分别绕包三叉口（两铜编织带不能接触，绕包后的外径应小于分支手套内径）；在离外护套断口约 50～60mm 位置用 PVC 胶带将铜编织带固定。

3. 缩分支手套（见图 5-44）

将冷缩分支手套套至三叉口的根部，沿逆时针方向均匀抽掉衬管条，先抽掉尾管部分，

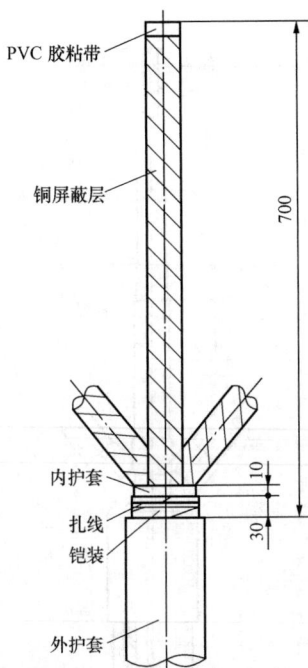

图 5-42　剥外护套、铠装和内护套　　　图 5-43　焊接地线　　　图 5-44　缩分支手套

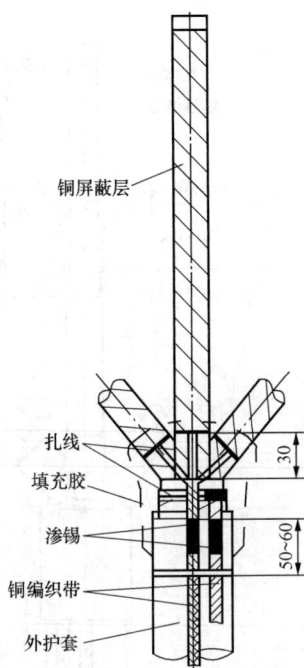

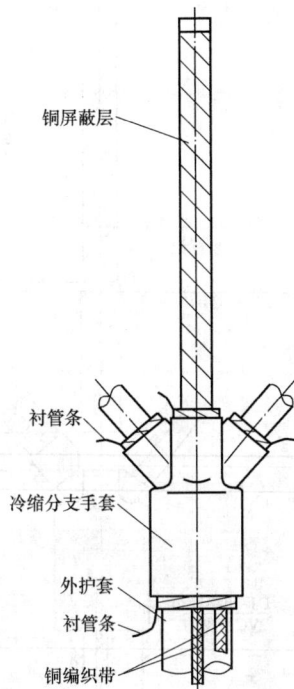

然后再分别抽掉指套部分，使冷缩分支手套收缩，缩后在手套下端用 DJ-20 绝缘带包绕 4 层，再绕 2 层 PVC 胶带，加强密封。

4．缩冷缩管、确定安装尺寸（见图 5-45）

将一根冷缩管套入电缆一相（衬管条伸出的一端后入电缆），沿逆时针方向均匀抽掉衬管条，收缩该冷缩管，使之与分支手套指管搭接 20mm。在距电缆端头 $L+149$mm（L 为端子孔深）处用胶带作好标记。除掉标记以上的冷缩管，使冷缩管的断口与标记齐平。按此工艺处理其余两相。

5．剥铜屏蔽层、半导电层（见图 5-46）

自冷缩管端口向上量取 15mm 长铜屏蔽层，其余铜屏蔽层去掉；自铜屏蔽层断口向上量取 15mm 长半导电层，其余半导电层去掉；将绝缘表面用砂纸打磨以去除吸附在绝缘表面的半导电粉尘，半导电层末端用砂纸或砂布打磨成小斜坡，使之平滑过渡；绕两层半导电带将铜屏蔽层与外半导电层之间的台阶盖住。

6．剥线芯绝缘（见图 5-47）

自电缆末端剥去线芯绝缘及内屏蔽层：L（L 为端子孔深度）；将绝缘层端头倒角 1.5mm×45°，用细砂纸或砂布将绝缘层表面磨光，复核绝缘长度为 119mm，在冷缩管端口以下 15mm 处用胶带做好标记。

7．安装终端（见图 5-48）

用清洁巾从上至下把各相清洁干净，待清洁剂挥发后，在绝缘层表面均匀地涂上一层硅脂，将冷缩终端套入电缆，衬管条伸出的一端后入电缆，沿逆时针方向均匀地抽掉衬管条使终端收缩（注意：终端收缩后，其下端与标记齐平）；然后用扎带将终端尾部扎紧。

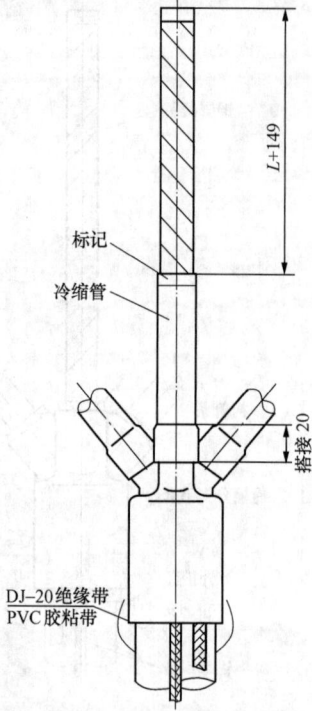

图 5-45 缩冷缩管，确定安装尺寸　图 5-46 剥铜屏蔽层、半导电层　图 5-47 剥线芯绝缘

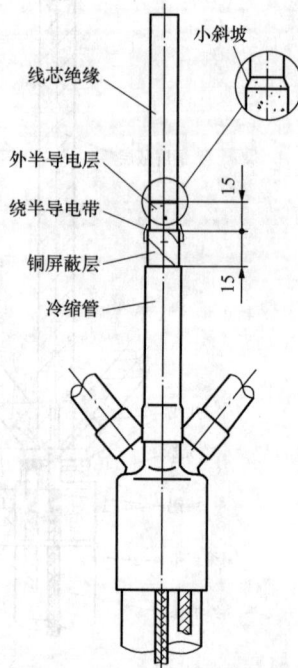

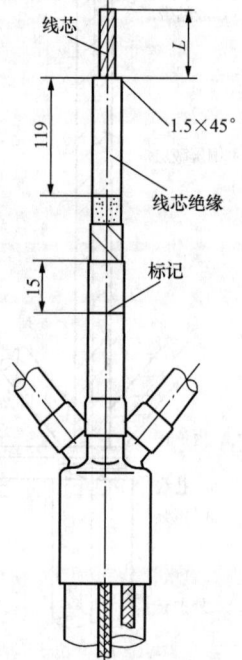

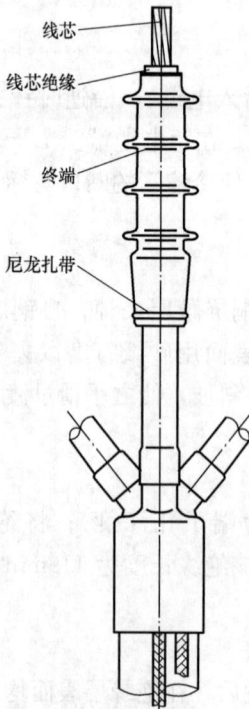

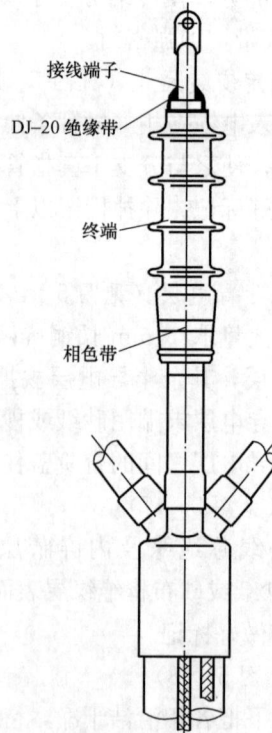

图 5-48 安装终端　　　图 5-49 压接接线端子、连接地线

8. 压接接线端子、连接地线（见图 5-49）

将线芯套上接线端子，压接接线端子；在终端与接线端子之间用 DJ-20 绝缘带绕包 6~8 层，加紧密封。将相色带绕在各相终端下方。将接地铜编织带与地网连接好；安装完毕。

四、考核评分表

10kV 交联电缆冷缩终端头制作练习评分见表 5-7。

表 5-7　　　　**10kV 交联电缆冷缩终端头制作考核评分表**

班级：　　　姓名：　　　　　考核项目：10kV 交联电缆冷缩终端头制作

序号	项　目	考核内容及评分标准	配分	得分
1	剥外护套、铠装、内护套	剥切尺寸正确，不正确扣 5 分	5	
2	焊接地线及屏蔽线	安装位置符合要求，不正确扣 5 分 铠装处理正确，未处理扣 5 分 焊接工艺符合要求，一处不合要求扣 5 分（焊接点牢固、光滑）	10	
3	确定安装尺寸	安装尺寸确定正确，一处不正确扣 5 分	5	
4	缩分支手套、冷缩管	收缩操作正确、熟练，尺寸符合要求，不正确扣 10 分 抽衬条不熟练扣 10 分、材料报废不记分 填充胶绕包符合要求，一处不合要求扣 5 分	20	
5	剥铜屏蔽及半导电层	剥切尺寸正确，符合工艺要求，尺寸不正确扣 5 分，工艺差扣 10 分	15	
6	剥线芯绝缘	剥切尺寸正确，不伤线心，不正确扣 5~10 分	10	
7	安装终端	各相处理，未处理扣 5 分；操作熟练，符合工艺要求，不熟练、工艺差扣 10 分	10	
8	压接线端子、连接地线	工具使用正确，压坑位置正确，不正确扣 5 分；压接后的处理，未处理扣 5 分	15	
9	时间 8h	超过 30min 扣 5 分，未完成项目不计分	5	
10	其他	工具收检、场地清理，在施工工地不正确着装、不正确配戴防护用品扣 5~7 分	5	
11	合计		100	

参 考 文 献

1　谢忠均. 电气设备安装实习. 北京：中国电力出版社，2003. 3
2　程红杰. 电工工艺实习. 北京：中国电力出版社，2002. 1
3　曾祥富. 电工技能与训练. 北京：高等教育出版社，2000. 6
4　徐耀生. 电气综合实训. 北京：电子工业出版社，2003. 6